做个活得通透的女人

肖卫 —— 著

苏州新闻出版集团
古吴轩出版社

图书在版编目（CIP）数据

做个活得通透的女人 / 肖卫著. -- 苏州：古吴轩出版社, 2024.1
ISBN 978-7-5546-2245-2

Ⅰ. ①做… Ⅱ. ①肖… Ⅲ. ①女性－成功心理－通俗读物 Ⅳ. ①B848.4-49

中国国家版本馆CIP数据核字（2023）第238559号

责任编辑：顾　熙
见习编辑：张　君
策　　划：花　火
装帧设计：尧丽设计

书　　名：做个活得通透的女人
著　　者：肖　卫
出版发行：苏州新闻出版集团
　　　　　古吴轩出版社
　　　　　地址：苏州市八达街118号苏州新闻大厦30F
　　　　　电话：0512-65233679　邮编：215123
出 版 人：王乐飞
印　　刷：唐山市铭诚印刷有限公司
开　　本：670mm×950mm　1/16
印　　张：11
字　　数：114千字
版　　次：2024年1月第1版
印　　次：2024年1月第1次印刷
书　　号：ISBN 978-7-5546-2245-2
定　　价：49.80元

如有印装质量问题，请与印刷厂联系。022-69236860

序言
preface

在现实生活中，相信很多女性朋友都有过这样的困惑：想通过自己的奋斗成就美好的未来，却不知道从何处着手；努力寻找自己的幸福，却不知道什么样的男人更适合自己；收到某公司的录用通知，却不知道自己能否胜任新工作；想拥有一个健康的身体，却在忙碌的工作中身心疲惫，没有时间给自己的心灵放个假……

为什么我们会有这样的困惑？究其原因，是我们对自己没有进行正确的定位，对自己和这个世界没有通透的认知。

女人越活越通透的秘密就藏在这本书里。书中有洒脱的生活智慧、精神财富和用之不竭的社会经验。当迷茫、困惑、浮躁、不开心时，你可以读一读，或许会豁然开朗。

目录
contents

第一章

想多了都是问题，行动了才会有答案

01 让成长成为你坚持下去的信念　/ 002

02 去哪里比如何去更重要　/ 005

03 你的选择决定了你的命运　/ 008

04 迟早要做的事就要趁早做　/ 011

05 站在你所热爱的领域里才会发光　/ 014

第二章
有头脑的女人越活越命好

01 勤奋的人终会有回报　　/ 018

02 学习，让你的人生有更多可能　　/ 021

03 才情，是一件穿不破的衣裳　　/ 023

04 知识是女人最佳的美容产品　　/ 027

第三章
你的外在形象就是你的名片

01 容颜保养越早越好　　/ 032

02 想要漂亮，就要学会"妆"　　/ 035

03 得体的服饰能丰富女人的气质　　/ 037

04 做个懂礼仪的俏佳人　　/ 040

第四章

有气质的女人一定是追求内在美的

01 爱笑的女人运气都不会太差　/ 044

02 做最自然的自己，保持自己的女人味　/ 049

03 良好的修养让女人温暖如阳光　/ 052

第五章

致力于事业的女人是美丽的

01 女人拥有事业，人生会更美好　/ 058

02 打造你的职场品牌　/ 060

03 精英是怎样炼成的　/ 066

04 给别人面子就是给自己机会　/ 069

05 想要当女王，先学会示弱　/ 073

06 该谈"薪"时就谈"薪"　/ 077

第六章
会交际的女人更富有

01 即便一无所有，也不能没有朋友　/ 082

02 你的朋友圈体现着你的三观　/ 085

03 财富不是朋友，但朋友一定是财富　/ 088

04 结识生命中的贵人　/ 091

第七章
恋爱有方，不累不慌

01 宁可独自优雅也不要仓促入局　/ 096

02 卑微和疯狂换不来爱　/ 099

03 爱是争取来的，不是等来的　/ 102

第八章
过得好，婚姻才能不动摇

01 嫁最适合自己的男人 /106
02 爱情也需要定期"更新" /109
03 给受伤的婚姻一次机会 /111

第九章
管理你的身价，而不只是身材

01 要想财务自由就得财商高 /116
02 女人往往是家庭理财的主力 /122
03 有财富梦想才能找到赚钱的方向 /125
04 投资自己才是最有价值的投资 /128
05 即使对方说得天花乱坠，也不冲动消费 /131
06 为自己的人生加一道保障 /136

第十章
善待自己，爱惜身体

01 没有健康，你将一无所有 / 140

02 吃得好才能身体好 / 143

03 科学呵护自己的身体 / 146

04 运动让女人生机勃勃 / 149

05 学会放松就不会被压垮 / 154

06 爱美不能以健康换取 / 158

后记
写给自己的一封信 / 161

第一章

想多了都是问题，行动了才会有答案

今天就开始改变你的生活。不要把赌注下在明天，快行动，别拖沓。

01
让成长成为你坚持下去的信念

人生路上，伴随着成长接踵而来的挫折能让我们越挫越勇，目标坚定地走下去，并通过努力塑造一个更好的自己。

成功不是一朝一夕就能获得的，它需要我们分阶段去努力获得。也许一心想成为作家的你，因发出去的稿子被一次次退回而认为自己没有创作天赋；也许喜欢画画的你，正在为对色彩的感知不够而垂头丧气地想要放弃；也许你因长时间看不到生活的希望，想要自暴自弃……

如果你有这样的想法，说明你正在经受考验。如果你选择坚持，就会有所突破，就会感受到成功带来的喜悦。所以，我们应该为自己的理想坚持到底。即使遇到困难，也只是暂时的，只有坚持下来，才能成功；否则，成功将离你远去。

林晓彤毕业于一所名校的法律系。和许多法律系的学生一样，林晓彤的梦想是做一个在法庭上能够舌辩群雄的律师。

毕业之后，林晓彤在一家不错的律师事务所做助理，她想在工作的同时通过司法考试。因为这是成为律师的第一关。只是司法考试的通过率较低，让很多有此梦想的人望而却步。

林晓彤没通过司法考试。当得知自己的考试成绩之后，林晓彤很后悔自己当初没有好好复习。这种不快乐的心情直接影响到了她的工作。于是，她工作上的错误接连不断。这时，林晓彤的领导提醒她，如果再这样下去，她在律师事务所的前途就会受到影响。

林晓彤听了，心情更为郁闷。她想换一个工作环境，改变一下自己目前的状况。刚好这个时候，林晓彤的同学所在单位的人力资源部门缺少人手，而且薪水也不错。于是，她就跳槽到了同学的单位。这里较为轻松的环境让她渐渐从过去的失败中走了出来。

第二年，司法考试的时间快到了，林晓彤看到同学正在为考试备战，也想参加考试，可是过去失败的阴影一直在她心中挥之不散。她害怕如果再次失败，目前这份安稳的工作也会丢掉。

三年之后，林晓彤的那些为"律师梦"奋斗的同学已经在律师的岗位上发光发热，个别同学已经在圈内小有名气，而林晓彤还在原地踏步。看到同学有自己的事业，林晓彤不免黯然神伤。有时，她想：我如果坚持当年的目标，或许会比现在过得充实快乐。

成功永远垂青于有准备的人。我们应该听从内心的召唤，听从未来的召唤，勇敢追求梦想，不断进取，不要在半路就迷失，要相信自己，相信自己可以做好，以后还会做得更好，这样你就会成为最好的你。

能否做最好的自己，关键看你是否有实现理想的强烈愿望，看你的潜力能否得到充分挖掘。

"做最好的自己"这个目标每个人都可以实现。我们只要意识到自己是社会的一分子，是世界上独一无二的人，坚信自己拥有无限的可能性，就可以建立起理想中的自我形象，体现自己应该具有的魅力。

02
去哪里比如何去更重要

很久以前，在撒哈拉沙漠中有一个名为比赛尔的小村庄，它靠在一块不大的绿洲旁。那里封闭落后，比赛尔人从来没有离开过那块贫瘠的土地，据说不是他们不想离开，而是尝试过很多次都没有走出沙漠。

1926年，英国皇家学院院士肯·莱文来到这个地方，听说了这件事情后，为了证实这种说法的真伪，他做了一个试验：从比赛尔村向北走，结果只用三天半的时间就走了出来。肯·莱文感到纳闷：比赛尔人为什么走不出来呢？

为了消除自己的疑惑，肯·莱文雇了比赛尔一个名叫阿古特尔的年轻人，让他带路，看看究竟是怎么回事。于是，他们准备了充足的水和干粮，牵上两匹骆驼出发了。肯·莱文收起指南针等设备，只拿了一根木棍跟在后面。

十天过去了，在第十一天早晨，一块绿洲出现在他们眼前——他们果然又回到了比赛尔。肯·莱文终于明白为什么比赛尔人一直都走不出沙漠，因为他们不认识北极星。

在一望无际的沙漠里，人们如果只凭感觉往前走，会走出许多大大小小的圆圈，最后的足迹是一把卷尺的形状。比赛尔地处沙漠中间，方圆千里内没有任何参照物，所以如果没有指南针，又不认识北极星，想走出沙漠，是不可能实现的事情。

肯·莱文准备离开比赛尔时，告诉帮他带路的比赛尔青年阿古特尔：只要白天休息，晚上朝着北面那颗最亮的星星走，就能走出沙漠。阿古特尔照着肯·莱文所说的话去做了，三天之后，他果然来到了沙漠的边缘。

现在的比赛尔已是撒哈拉沙漠中的一颗明珠，每年有大量的游客去那里观光。阿古特尔作为比赛尔的开拓者，他的铜像在小城的中央竖立着。铜像的底座上刻着一行字：新生活是从选定方向开始的。

从上面的故事中，我们不难悟出：在生活中，很多人之所以没有成功，不是因为没有能力，而是因为缺少正确的方向，也就是我们常说的目标。

这个时代给予了女性很多选择，也恰恰是多样的选择，让很多女性迷茫，不知所措。对于这些迷失方向的女性来说，最痛苦的事情莫过于看到别人朝着目标行进着,并且每天都有收获,而自己整天像一只无头苍蝇,到处乱撞。因此,女性要想有一个完满的人生,就必须有一个清晰明确的人生方向。

李慧丽从小就喜欢读书,她热爱文学,尤其喜欢悬疑类的小说。她的梦想就是成为一名悬疑小说作家。她写了大量的悬疑小说,也在网络上连载小说。尽管她的小说在朋友眼中是十分吸引眼球的,可是始终没有出版社来和她签约,所以李慧丽在悬疑小说圈内没有什么名气。

面对这些,李慧丽很坦然地说:"我现在所写的这些作品,就当作练文笔。我相信,只要我坚持写下去,总有一天,我会成为成熟的悬疑小说作家。"

果不其然,她在写了五年悬疑小说之后,终于有一部作品出版了,并成为畅销书。李慧丽因此也火了起来,好几家出版社都抢着和她签约。

五年间,她不记得被多少编辑退过稿,但是她不断累积经验,不断提升自己。她看了很多悬疑作品,吸取别人的优点,形成了自己独特的风格,终于迎来了"最美的时刻"。

由此可见,拥有明确而坚定的目标是获得成功的基本前提。因为拥有坚定目标的意义,不仅在于面对种种挫折和困难时能够百折不挠,抓住成功的机遇,更重要的是能够让自己在身处悬崖峭壁之时,依然可以发挥自己的巨大潜能,使自己绝处逢生。

03
你的选择决定了你的命运

在同一种社会环境中，人的命运之所以会表现出很大的不同，主要是由一系列主观条件和客观条件的不同造成的。其中，主观条件即内因，是人的命运变化的根据，具有决定性；客观条件即外因，是通过内因发挥作用的。由此，我们可以得出结论：每个人的命运既不在上帝手中，也不在别人手中，而是握在自己手中。只有能主宰自己命运的人，才能成为人生的强者。

古希腊哲学家柏拉图说过："命运是人生中的第一学问。"的确，每个人都想力图改变自己的命运，让自己成为命运的主人，这需要顽强的决心和持之以恒的毅力做后盾。

海伦·凯勒出生于美国亚拉巴马州北部一个小城镇。她两岁的时候，因为突发猩红热，丧失了视力和听力。

她在黑暗中摸索着长大。在她七岁那一年，家里为她请了一位家庭教师——安妮·莎莉文。正是这位有爱心的莎莉文老师影响了海伦的一生。莎莉文小时候也差点儿失明，所以她能理解失去光明的痛苦。在老师莎莉文辛苦的指导下，海伦通过用手触摸学会了手语，通过摸点字卡学会了读书，后来又通过用手摸别人的嘴唇学会了说话。

在莎莉文老师的谆谆教导下，海伦用顽强的毅力克服了生理缺陷所造成的精神痛苦。她热爱生活，会下棋、滑雪、骑马，还喜欢戏剧演出，喜欢参观博物馆和名胜古迹，并从中学到了很多知识。

海伦在老师的关怀下，克服失明与失聪的障碍，以优异的成绩毕业于美国哈佛大学拉德克利夫学院，成为一名学识渊博，掌握英语、法语、德语、拉丁语、希腊语五种语言的著名作家和教育家。

海伦靠着一颗不屈不挠的心，接受了生命的挑战，用爱心去拥抱世界，以惊人的毅力面对困境，终于在黑暗中找到了光明。

可以说，人的一生要经历很多的磨难、坎坷，每个人都有自己的命运，并且命运从来不会因为你的怯懦、自暴自弃或者仇视而改变对你的态度。所以，亲爱的女性朋友，请不要向命运低头，要用自己的双手去创造自己的未来，用自己的双手去改变自己的命运。即使在厄运面前，也应该像那些坚韧的荆条一样，将自己生命的根系深植于岩石的缝隙中，让生命的花朵盛开在岩石之上。只有这样，你才会收获成功的喜悦，赢得精彩而又充实的人生！

亲爱的女性朋友，请相信，无论自己的过去怎样，也无论自己的现状如何，只要守护住心中的梦想，付诸努力，人生就会永远在自己的掌控之中。没有比脚更长的路，没有比心更高的天，只要执着地、永不放弃地朝着自己心中的梦想走下去，你就会踏平坎坷，在成功的路上走得很远、很远。

04
迟早要做的事就要趁早做

在偏远地区有兄弟俩。弟弟比较穷,哥哥比较富有。

有一天,弟弟对哥哥说:"我想到沿海地区去,你觉得如何?"哥哥听了弟弟的话,愣了一下,吃惊地问道:"你怎么去呢?"弟弟说:"有一双脚就够了。"哥哥不以为然地说:"沿海地区那么远,我也想租船沿着江水南下,可是始终没有找好舵手。再说,这么远的路程,必须储备充足的食物。你看看你,一无所有,别做白日梦了。"弟弟没有多说什么,第二天就踏上了去往沿海地区的旅程……

到了第二年,哥哥依然没有动身,而弟弟却已经从沿海地区回来了。弟弟把遇到的奇闻趣事讲给哥哥听,哥哥惭愧得羞红了脸。

兄弟俩的故事说明了这样一个简单的道理：说一尺不如行一寸。没有果敢的行动，一切梦想都只能化作泡影。我们可以给自己树立人生目标，认真制定各个时期的目标，但无论你的目标有多么宏伟，如果你不行动，最终就只会一事无成。冥思苦想，谋划着自己如何有所成就，是不能代替身体力行的实践的。没有行动，就只是在做白日梦。

兰玉靠着不断的坚持和行动，实现了成为著名设计师的梦想。兰玉还在读高中时，就想要成为服装设计师，她认为："服装设计师是一个帮助别人实现梦想的人，像一个小天使一样，你想要什么，他就给你什么。"从那时候起，她就决定将来要成为一名优秀的服装设计师。

兰玉高中毕业后，顺利考入了北京服装学院，自此踏上了自己的追梦之旅。刚开始的时候，兰玉帮别人画图，每张图纸的费用八十元至一百元不等，这样一年下来，她攒了四千元。兰玉用这笔钱租了一间屋子，并在门外挂了个设计服装的牌子。无论是去逛街，还是去看望亲朋好友，兰玉都穿着自己设计的衣服。慢慢地，邻居都知道她的才能了，就请她帮忙设计服装。兰玉说："我开业前没有想过会有多少客户，也没有考察市场，就觉得自己还没有多少经验，先开了再说吧。幸运的是第一批客户就是我的邻居！"

通过帮邻居设计服装，兰玉赚到了第一桶金，随后她创办了自己的工作室。因为兰玉会从客户的角度出发，去思考客户想要的细节是什么，所以渐渐地，兰玉在这个圈子里的名气越来越大。如今兰玉已经成为国内知名的服装设计师，帮不少一线演员设计婚纱、礼服。兰玉正是用她的实际行动成就了今天的自己。

任何一个伟大的梦想，如果不去行动，就像只有设计图纸而没有盖起来的房子一样。当我们备好行囊，准备向目标出发时，下一步最关键的是开始行动。

05
站在你所热爱的领域里才会发光

爱默生曾经说过:"自信,是成功的第一秘诀。"所以,想要成功,首先必须自信。自信能够产生一种巨大的能量。一个人如果下定决心要做成某件事,他就会凭借意识的驱动和潜意识的力量使自己朝着目标前行,直至走向成功。

有人曾把信心比喻为"一个人心理建筑的工程师"。信心是一种积极的情感,能够让人释放出无穷的热情、精力和智慧,进而帮助其获得成功。

J.K.罗琳在英国埃克塞特大学学习法语和古典文学。大学毕业后,她只身前往葡萄牙寻求发展,在那里她嫁给了一个葡萄牙的电视新闻记者。无奈的是,这个家庭并不和睦,她的丈夫在婚后殴打她,甚至将她赶出家门。

伤心欲绝的罗琳不得不带着刚出生三个月的女儿回到英国,栖身于爱丁堡一间没有暖气的小公寓里,当时没有工作的她只能靠救济金生活。作为一个单身母亲,罗琳当时的生活极其艰辛。为了能够让女儿吃饱,罗琳常常自己饿肚子。穷困潦倒让她看起来似乎已经没有出路了。

在一般人看来,罗琳应该尽快找份正式的工作,来维持自己的生活,或者找个可以托付一生的男人,结束目前这种窘困的处境。然而,罗琳没有这样做,她始终相信自己一定可以渡过难关。从小就喜欢写作和讲故事的罗琳,梦想着自己写的作品可以像《格林童话》那样成为享誉世界、流传不息的经典。

罗琳的写作之梦,曾经因为结婚生育而搁浅,此刻,这个梦又在她的头脑中浮现出来。哈利·波特的形象在她眼前越来越清晰,她必须抓住灵感迅速把故事写出来。生活的苦难并没有打消她写作的积极性,她每天都在不停地写。因为屋子又小又冷,罗琳时常到附近的一家咖啡馆里写作,她喜欢咖啡馆的氛围。她将女儿放在桌边的婴儿车里,就在女儿的吵闹声中写作。

当别人问她为什么能在这样艰苦的条件下坚持下去时,罗琳用这样的话进行了解释:"或许是为了完成多年的梦想,或许是为了排遣心中的不快，或许是为了每晚能把自己编的故事讲给女儿听。"正是这种信念支撑着她度过了人生中最苦难的日子。她的第一部作品《哈利·波特与魔法石》一出版就受到了读者的欢迎，并且被翻译成多种语言在全球发行，引起世界轰动。

罗琳一直相信自己能够成功，她从一个贫困潦倒的单身母亲到畅销书作家，靠的就是自己的努力和坚持。

一个人如果相信自己能够成功，往往就容易走向成功，这是人的意识和潜意识在起作用。当意识做决定时，潜意识则做好所有的准备。也就是说，意识决定了我们要做什么，而潜意识便将"如何做"给我们整理出来。

因此，我们可以得出：只有我们自己才是生活的重心；而给自己最有力的肯定，是开发潜能、实现突破的动力。

所以，我们要常常给予自己更多的激励和肯定，自觉地接受积极的暗示，将其变成潜移默化的力量。当你遇到困难，丧失信心时，那些不经意的暗示，就会在无形中给你力量，让你恢复自信，收获意想不到的快乐。

第二章 有头脑的女人越活越命好

每一个成长中的女人,都要不断地去尝试,从每一次冲突和经历中学习。

01
勤奋的人终会有回报

有哲人说："如果你期望真正的生活，那就不要到遥远的地方，不要到财富和荣誉中寻找，不要向别人乞求，不要向生活妥协，不要向苦难和困境低头，幸福和成功只靠我们自己，自己的智慧，自己的勤奋，这种幸福和成功就是勤奋的恩惠，就是命运的赏赐。"世界上，凡是能创造最好的自己的人，虽然他们努力的方向各有不同，但他们勤而不怠的精神却是相同的。辛勤的劳动和伟大的成功是成正比的，只要你付出了汗水，命运总有一天会垂青于你。请相信，功夫不负有心人，踏踏实实做人做事，总有一天你会接近成功。

勤奋是一个人通往成功的敲门砖。勤奋对于女人来说，是一种难能可贵的品质。然而，社会上不乏不思进取、贪图享乐之人。这种消极的生活态度会令人慢慢地迷失方向，失去奋斗的激情。

勤奋的女人则以一颗永不知疲倦的心，在生命的舞台上展现最美的风姿。她们面带微笑，昂首走上自己的工作岗位。她们做医生、教师、会计，她们也做企业家、科学家、发明家。她们自信、乐观，不畏艰险，勇于克服各种困难，用自己的实际行动证明自己的能力和实力。

李婷是一位已过天命之年却依然风姿绰约的女人，她现在的生活十分富足。

有一次，李婷和一个新结识的朋友吃饭。她给朋友介绍各种菜肴的做法，朋友问起她如何知道得这样清楚，她才说起当年创业的酸甜苦辣。原来李婷能拥有现在的幸福生活，与她的勤奋是分不开的。

十五年前，李婷和老公从山东老家来到北京打拼。他们白手起家。来到北京后，夫妻俩租了一间小小的门面，开始涉足餐饮业。简陋的小屋只能放下四张小桌，他们从做盒饭起步，每天早晨七点就开门营业，一直到深夜一点关门，洗漱完之后，已是两三点钟。她从来没有周末，也没给自己放过一天假。那份辛苦难以诉说。渐渐地，生意有了起色，越做越大，而且开了好几家分店。

辛勤的劳动总会换来成功的喜悦。然而我们更应该看到成功背后的汗水。正是默默的付出，遇到困难时积极应对，不放弃，勇敢挑战，才铸就了成功。

勤奋的女人会对自己的事业投入大量精力，即使只是一份普通的工作，她们也会投之以百倍的热情。无论身处哪种环境中，勤奋都是她们最有力的武器。

勤奋是通向卓越的正确途径，也是实现梦想的最好工具。只要你有为梦想努力拼搏的勇气和坚持下去的韧性，你就能够享受到奋斗之后成功的愉悦。

02
学习，让你的人生有更多可能

作为女性，我们需要博览群书，不断去学习。我们在学习的同时，还要善于思考，不盲从，不偏执。只有这样，才能让自己成为一个有智慧的女人。

一个内涵丰富、拥有智慧的女人永远不会落后于时代。智慧可以使女人的生命更加精彩，可以在无形之中提升女人的魅力。

如果没有不断学习的精神，没有不断学习各个领域的新知识，没有不断开发自己的创造力，你终将丧失自己的生存能力。因为，现在的社会对缺乏学习意愿的人是很无情的。女人一旦拒绝学习，就会迅速退化，所谓不进则退，转眼之间就会被抛在后面，被时代淘汰。

正所谓"玉不琢，不成器；人不学，不知义"。如果我们不懂得学习，就难以有一个精彩的人生。然而，在现实生活中，有不少女性不愿意多读书，多思考，多汲取各种宝贵的知识，而是把时间耗费在无谓的事情上。这实在是一件让人痛心的事情。要知道，社会每天都在变，只有不断学习，才能跟上社会的步伐。

一个人的财富永远没有知识靠得住。也许今天你是一个富翁，但说不定一夜之间，你就会变成一个乞丐。唯有知识和学问，才是人真正的本钱。曾经引人注目的成绩或者已经到手的财富都不足以让人沾沾自喜、狂妄自大。唯一可靠的保障是智慧，而获得智慧的有效途径则是不断学习。

女人只有持续学习，才能与社会共同进步，才能有更好的发展机会，生命才能永远美丽！

03
才情，是一件穿不破的衣裳

　　一个女人要不断地给自己的大脑补充"营养"，让肚子里的"墨水"越来越多，让自己的思维更加开阔，这样才能拥有幸福的生活。

　　舒然的老公在一家外企做主管，为了方便照顾孩子，她在家做全职太太。每天，舒然都把家里打理得井井有条，还会为老公做喜欢吃的饭菜。周围的人都羡慕舒然，说这才是幸福女人的生活。可是最近舒然发现老公对自己有些冷淡了，下班回到家不是看书就是看剧，很少主动和她说话。

有一次，舒然打电话问老公晚上吃什么，老公说完"随便"就不耐烦地挂了电话。舒然终于忍不住了，因为之前老公对她一向温柔，可最近几天都很反常。老公回到家，舒然冲老公大喊，问他为什么。老公说："你天天除了在家待着还会什么？我觉得和你没话说，你就不知道学点儿什么吗？"一席话把舒然说得哑口无言。

舒然认真思考了老公的话：自己天天围着柴米油盐打转，三年下来，感觉真的跟社会脱节了，所以自己和老公的共同话题越来越少。如果再这样下去，和老公真到无话可说的地步，那可就危险了。

舒然决定好好调整自己。她便决定去学英语。当她征求老公的意见时，老公高兴地说："不错，只要想学，我完全支持你，等咱们以后出国旅游也能用得上。"

就这样，舒然在一家英语培训机构学习英语。她虽然有一定的英语基础，但毕竟好多年不用了，口语表达能力还是挺差的。教口语的外教老师很有耐心，经常指出舒然犯的一些语法错误。

上完课，外教老师还会提交课程备忘录便于舒然复习。晚上吃完饭，舒然就在卧室里复习。老公对舒然的变化感到很开心，也会陪她一起对话，练口语。

为了以后在出游的时候能够说一口流利的英语，舒然又选了旅游英语课程。这门课有两位老师：一位是之前的外教，另一位也是教学经验丰富的老师。这位老师以前在大学教课，放假时经常出国旅游，在课上，她与舒然一起做情景演练，还跟舒然分享了很多在国外的旅游见闻和注意事项。舒然感觉自己从她那里学到了很多知识，增长了很多见识。

在学习英语的这段时间，舒然感觉和老公之间不再像以前那样没有共同话题了。老公还经常和她一起讨论他工作中的事情，之前和谐的状态又回来了。

几个月下来，舒然感觉自己进步了很多，口语说得很流利。后来，舒然去一家外企应聘，在众多的竞争者中，她靠实力脱颖而出。面试官跟舒然说："你的英文很棒，而且你的生活经历让我们相信你是一个有责任感和上进心的人。"

通过学习，舒然获得了自信，还和老公重新找回了甜蜜的生活，更重要的是找回了自身的价值。

不管什么时候，女人都不能停止学习，只有不断提升自己，不断完善自己，才能变得优秀，才能把握住幸福。

有学识的女人，才华出众，谈吐不凡，举止高雅，学识与优雅兼具，令他人由衷地钦佩和赞赏。当她从容不迫地说出别人不知道的知识的时候，她就会散发出一种迷人的气质。有学识的女人会不断增加自己的知识量，开阔自己的眼界，在遇到问题时，她们不会露出困惑不解的表情，永远一副自信的样子，洒脱，充满韵味。

　　所以，女人要记住：丰富自己的学识，这样才能更好地成就自己。

04
知识是女人最佳的美容产品

一个优秀的女人一定是一个拥有丰富知识的女人。她们懂得用知识来武装自己，让自己对人生有更多的了解和更深刻的认识。

一个拥有知识的女人，不管走到哪里，都会显示出自己独特的魅力。知识可以开阔人的视野，陶冶人的情操，让人的生活变得更加充实。因此，要想成为一个有内涵的女人，就要不断地用知识来充实自己。只有你掌握的知识才是真正属于你自己的，才是永不会褪色的。

在这个知识决定命运的时代，女人要想拥有不平凡的人生，就一定要时刻更新自己的知识储备，这样才能与时俱进，才能显示出自己的与众不同。

　　张寒宁是一个很爱读书的女孩，她在读书的同时还喜欢做读书笔记。在阅读的过程中，她发现优美的句子或者日常生活中很实用的一些小妙方，就会很认真地把它们记下来。在大家的眼中，张寒宁是个才女。

　　张寒宁的好友小苏说："张寒宁是一个很有才气的女孩子。她的身上总有一种高雅的气质，和她说话，能让人学到很多东西。"很多时候，大家在生活中遇到一些小麻烦时，心中第一个想到的就是张寒宁，大家将她看作智慧锦囊。在很多人的眼中，张寒宁是一个无所不知的人。在众多的女孩子中，张寒宁总能成为焦点人物。

　　在大家心中，张寒宁远比那些长相靓丽却知识浅薄的女孩子更吸引人。所以，大家都很愿意和她交朋友。

　　曾经有人说："世界有十分美丽，但如果没有女人，世界将失掉七分色彩；如果没有读书的女人，色彩将失掉七分内蕴。"学识可以使女人变得内涵丰富，内心充满智慧，永葆青春。

　　广博的知识能够让女人保持敏感的洞察力，让女人变得更加沉稳，并能掌握更多的生存技能。

林晓是一个大学生，她在业余时间喜欢去图书馆读书，她很享受这种学习的过程。林晓还有着广泛的兴趣。有一次，校园里举办了书法鉴赏的入门讲座，林晓毫不犹豫地报了名。在大学生艺术节上，林晓代表全系去参加比赛。在讲台上，她从容不迫，侃侃而谈。林晓优雅的谈吐吸引了学校教授的注意力，他们都认为这个女孩有着不俗的学识。一次，市里组织书法比赛，林晓所在学校有三个参赛名额。由于林晓之前表现出色，她被学校推荐参加比赛。最后，林晓不负众望，取得了优异的成绩。

　　当大学毕业，很多同学都在为找工作而发愁的时候，林晓却直接被当地著名的书法家聘请去做助理。林晓在做助理的时候，认识了很多有名的人物，还有不少人给她推荐更好的工作。

　　女人拥有的美丽外貌只是短暂的，深厚的文化底蕴才是长久的。她们能够用知识改变自己的命运，吸引别人的目光，这样的女人永远都是最令人欣赏的。

　　知识的获得，除了来自社会实践外，同时也离不开多读书。正所谓"腹有诗书气自华"。腹有诗书的女人是一杯淡淡的茶，茶香幽幽，细品起来回味无穷。那些成功的女性，比如杨澜、陈鲁豫、于丹等，她们能够有今天的成就，跟她们的善于学习是密不可分的。

有知识、有内涵的女人，她们或许没有绝色的容貌，但她们会由内而外地散发出迷人的魅力，只有这样的女人才能真正让人心生敬佩。

第三章 你的外在形象就是你的名片

良好的外在形象是一种资本,能让你在生活中大放光彩。

01
容颜保养越早越好

　　随着年龄的增长，我们的皮肤会逐渐衰老。但你如果能及时呵护、保养自己的皮肤，就能让皮肤保持健康和美丽。

　　星期天，孙雅丽和老公去逛商场，他们一起挑选衣服。孙雅丽看到一件喜欢的衣服时征求老公的意见，老公觉得衣服的颜色并不适合孙雅丽。可是孙雅丽坚持要买，两人出现了分歧。售货员好心地和孙雅丽说："姑娘，不要和自己爸爸较劲，他年龄大了，可能有自己的审美观。如果觉得不合适，就暂时先别买吧！"听了售货员的话，孙雅丽立即开心地笑了，然后顺势拍拍老公的胸脯说："老公，看样子你真的需要保养了，要么就是我长得太年轻了。"

孙雅丽的老公尴尬地说："看来我得注意保养了，明明只差三岁，在别人眼中看上去竟相差二十岁……"

售货员听完他们的对话，才明白自己误会了两个人的辈分，于是赶紧向他们道歉。孙雅丽摆摆手说："没关系，我还是比较开心的啊！"

要想让自己的皮肤保持健康，就要在日常生活中注意对皮肤进行保养。

那么，女性朋友的皮肤该如何保养呢？

（1）要及时给皮肤补水。皮肤一旦缺水就会变得干燥、无弹性，产生皱纹，面色也会显得苍老。所以平日里要多喝水，使体内保持充足的水分，这样才能使皮肤润滑、有弹性。还可以选用保湿能力较强的护肤品。

（2）保证充足的睡眠。充足的睡眠是女人美容的灵丹妙药。因为夜晚是皮肤新陈代谢的最佳时段，皮肤在这个时间段能进行自身的修复和新生。只有让皮肤休息好了，它才能变得健康、有光泽。

（3）清洁做到位。如果脸部的清洁不到位，会影响皮肤对营养成分的吸收，同时也会堵塞毛孔。在清洁面部时，最好先把热毛巾敷在脸上，让毛巾上的热气使脸上的毛孔张开；然后用洗面奶和流动的温水清洁面部污垢；最后用凉水冲洗，使毛孔收缩。

（4）正确使用眼霜。将眼霜挤到无名指腹上，然后左、右无名指腹对揉，由内眼角向外眼角均匀涂抹，并在眼尾处向上提，再用无名指腹轻轻地点按眼周，直到眼霜被吸收。

（5）坚持泡脚。泡脚有助于促进血液循环和新陈代谢，还有排毒养颜的作用。最好能够做一些足底按摩，让身体各个器官都能得到充分的休息和保养。

（6）保持良好的心态、愉快的情绪。若心情苦闷，则会导致皮肤血液循环不良，营养供应不足，以致皮肤苍白、皱纹加深，过早衰老。

所以，女人要想有良好的气质，皮肤的保养不能缺少。

02
想要漂亮，就要学会"妆"

女人要想拥有好的气质，还需要外在美来修饰和衬托。学会化妆，是女人一辈子都要做的功课。

化妆，可以让一个女人看起来更加完美，而妆容化得不到位，则会适得其反。化妆的最高境界是什么呢？我们可以用两个字形容，那就是"自然"。最高明的化妆术，是化出来的妆能够与人的身份相匹配，能自然地表现女人的个性与气质。

回归自然、塑造个性是化妆的最高造诣。女人不要盲目地模仿他人，而应该通过扬长避短恰当地修饰自我。

怎么才能做到回归自然，达到"无妆"的境界呢？要领就是妆一定要淡雅、干净，绝不能拖泥带水。具体步骤如下。

（1）选用适合自己肤色的隔离霜打底。如果你的面部有斑点，建议选用绿色隔离霜；如果你的皮肤发黄或苍白，建议选用紫色隔离霜。使用适合自己的隔离霜以后，肤色会变得更均匀、自然。

（2）选用适合自己肤色的粉底。取适量粉底分别涂在额头、鼻尖、下巴及两颊上，然后借助棉扑涂抹均匀。

（3）画出完美和谐的眉形。首先确认眉头、眉峰及眉尾的位置，再用眉笔在上面点三个小点儿，然后把三个点儿连起来，用眉笔或眉粉填充好眉毛。

（4）选择适合妆容的眼影。首先选用干净的色彩，比如略有闪光感的浅蓝色或浅肤色等。然后用眼影刷蘸取适量的眼影，用其尖端在睫毛根处涂上一层颜色较浓的眼影。再将双眼皮内侧涂满眼影。最后将整个眼部的眼影擦拭均匀。

（5）先用睫毛夹把睫毛卷翘，然后取适量睫毛膏，由睫毛根部向睫毛梢的方向分别轻刷上睑睫毛和下睑睫毛。

（6）涂口红。涂上唇时，用唇线刷从唇角朝唇峰涂。涂下唇时，先用唇刷固定下唇中央轮廓线，再从中央涂向唇角，最后将多余的油脂擦去，使唇部看起来更自然一些。最后在中间填充上口红。

（7）选择橙红色或肤红的腮红，能让你的整个妆容变得生动、可爱。

03
得体的服饰能丰富女人的气质

女人的魅力和气质是相辅相成的，而有魅力的女人都知道，要想增加魅力，就要找准适合自己的服饰。一个女人的身材可以不完美，但衣服搭配一定要完美。当你穿着最适合自己的衣服，穿出自己的风格，以最完美的形象出场时，你的气质就会被充分体现出来，也会给别人留下深刻的印象。

如何搭配服饰对每个女人来说都是一门必修课。对女人而言，一件适合的衣服能为自己的美丽加分，一件不适合的衣服则可能让美女也黯然失色。因此，适宜的服饰可以令女人在平凡中彰显不平凡的气质，是女性提升气质、诠释美感的法宝。

在生活中，很多女性不懂得如何着装，只知道赶时髦、追潮流，进了商场就买回一堆衣服，也不管这些衣服是否适合自己。结果买回来的衣服虽然款式很多，却少了知性的韵味。还有不少女性盲目追求名牌，认为名牌的衣服就是高档的，所以，她们开心地比较着各种名牌衣服，却丝毫不考虑所选的服装是否与自己的肤色和身材等相匹配，结果往往弄巧成拙。

所以，在千变万化的潮流中，我们的审美不能被左右，而应该保持自己的审美观，加入时下流行的时尚元素，融合成自己的品位。融合了个人的气质、涵养、个性的穿着会体现出浓郁的个人风格，而穿出风格是穿衣之道的最高境界。

另外，女性朋友在选择衣服的时候，也要根据自己的气质、职业来选择。同时，整洁干净是服装搭配的基本原则。如果你的着装整齐、干净清爽，那么你给人的感觉就是乐观、积极向上的，你自然会受到欢迎。

因此，我们不要盲目地追求时髦，而应该深入了解自己，让服装尽显自己的个性风采。一件衣服适不适合自己，与衣服本身的价格毫无关系，重要的是看衣服的款式、风格与自己的气质是否符合。

另外，不同的场合也要搭配不同的衣服。比如：参加正式会议时，穿衣应庄重考究；听音乐会或看芭蕾舞时，则应身着正装；出席正式宴会时，则应穿旗袍或晚礼服；而在朋友聚会、郊游等场合，着装应轻便、舒适。试想一下，你出席一场舞会，如果身着运动装，就会显得极不协调；你如果在干净整洁的办公室里办公，身着过于妖艳或者暴露的服装，也会显得格格不入。

　　现代女性要想变得有魅力，不妨修炼一下自己的穿衣之道，选择适合自己的服饰，穿出自己的品位和风格。

04
做个懂礼仪的俏佳人

在社会中，每个人都需要与他人交往。良好的交往是有形式和规则的，这些形式和规则就是社交礼仪。良好的礼仪让人与人之间的交往变得更加舒适；相反，态度生硬、举止粗鲁只会使人产生厌恶之情，这种人在生活中必定处处碰壁。

在日常生活中，得体的行为举止最能展示一个女人的魅力。从审美的角度看，礼仪是一种形式美，是人的心灵美的外化。优雅的风度、友善的言行、得体的举止等都是走进他人心灵的通行证。

如果一个女人整日浓妆艳抹，身上戴满了名贵饰品，充其量人们只会承认她阔绰，而决不会称道她的品位；而如果一个女人懂礼貌、仪表整洁、尊老敬贤、助人为乐，人们定会对她的教养与风度称赞有加。

在我们身边，常常会遇到这样的人：她没有漂亮的容颜，也并不才华横溢，但谦和有礼，因此人们都喜欢她。出色的仪表言行就像优美的旋律一样，能够吸引人，令人赏心悦目，激发他人与你交往的兴趣。

在人际交往中，给别人留下良好的第一印象，是成功的前提，因为交往的第一印象具有首因效应，会对后续的交往产生影响。因此，作为一个女人，对第一印象应予以高度重视，要充分利用首因效应，不仅要懂得依靠漂亮的五官、得体的服饰，还要会以优雅的举止、熟练的礼仪展示自己的风采。

下面，让我们来看看白宫里备受欢迎的女主人格罗弗·克利夫兰夫人的故事。

格罗弗·克利夫兰夫人之所以成为白宫里备受欢迎的女主人，跟她的优雅仪态和礼貌有着密切的关系。

她从来不会因为别人的出身而改变对待他人的态度。无论是对富有的女士还是对贫穷的乡村妇女，她都会给以相同的礼遇。这是她礼貌而平等的待人习惯，与她对个人教养的重视密切相关。

在白宫举行的一次见面会上，人人都渴望能与总统夫人握手，于是大家纷纷往前挤。一位老妇人也在人群中向前挤着，但一不小心，她的手帕掉在了地上。老妇人本想把手帕捡起来，然而后面的人群推着向前挤，没有人理会这位老妇人是否可以捡回她的手帕。老妇人只好无奈地随人群向前挤。这些被克利夫兰夫人看在了眼里。她走上前，把被人们踩过的手帕捡了起来，塞到自己的口袋里，然后拿出她自己全新的、精美的手帕，微笑着递到老妇人手里，亲切地说："请拿这块，可以吗？"就像在请求别人帮忙，而不是赠予别人东西一样。

　　作为一个有追求和理想的现代女性，我们要时时处处都以礼待人，在任何场合都表现出自己的良好修养。

第四章

有气质的女人一定是追求内在美的

时尚不仅存在于衣服上,还存在于天空中、街道上。时尚与我们的观念、生活方式、社会息息相关。

01
爱笑的女人运气都不会太差

微笑是一种正能量。女人的微笑不仅展示了她的自信，也向人们传递了一种积极乐观的心态。充满自信、懂得微笑的女人更容易体会到幸福的感觉。微笑的女人常常能给身边的朋友带来欢乐。

又是一年毕业季，看着行色匆匆、奔走于各大人才招聘市场求职的人们，冯雪萍不禁想起了自己刚刚毕业时找工作的情景。

毕业于某名牌大学的冯雪萍，在大学时学的是生物能源相关专业。毕业后，由于她居住的城市的工作岗位与自己专业相吻合的很少，所以她独自来到了上海。刚到上海，一切都是陌生的，为了尽快让自己安定下来，她租了一间小小的房子作为自己的临时住处，然后接下来就是找工作了。

到了招聘市场，看到招聘人员面前摆着厚厚的一沓简历，冯雪萍真的不知道该把自己的简历投向哪里。后来，只要冯雪萍能挤到招聘桌子跟前，她就在桌子上放一份简历。这样，她带去的十多份简历很快就发完了。由于人才招聘市场的人太多，招聘人员来不及一一跟前去应聘的人沟通，有时候，他们甚至连头都不抬一下。

就这样，冯雪萍没有得到一家公司的口头面试，就匆匆回家了。

令冯雪萍没有想到的是，几天之后，她意外地接到一家外企的面试电话。该公司人力资源部的人员通知她第二天上午十点到公司参加集体面试。这个电话的到来，让冯雪萍心中充满了希望，她真的没有想到自己漫无目的地投简历居然真能收到面试通知。

为了能够以最好的状态参加面试，冯雪萍很早就睡觉了。第二天醒来，她整理好简历和各种相关资料。吃完早饭后，她换了一身职业装，又重新梳理了一下头发，准备以最好的形象去面对接下来的面试。

冯雪萍在九点四十分就到了这家公司，她很有礼貌地向这里的保安打听了人力资源部所在的具体位置，但是看看表，还有二十分钟，于是她又把自己所带的资料重新浏览了一遍，做了个深呼吸，自信地走向人力资源部的办公室……

令冯雪萍没有想到的是，她很顺利地通过了这次面试，成了这家企业的一名正式员工。

一次，冯雪萍跟人力资源部的经理顺道一起回家。路上聊天时，冯雪萍问经理当初自己为什么能顺利通过面试。经理说："是你的微笑说服了我，透过你的微笑，我看到的是自信。"

在工作中，冯雪萍一直充满热情和自信，始终面带微笑地对待工作，对待自己身边的每一位同事。由于工作中的突出表现，不到一年的时间，冯雪萍就被提升为经理助理了。

聪明的女人面对突如其来的状况时，通常会很淡定地微笑，然后从容地面对眼前的一切；而有的女人则只知道怨天尤人，愁眉不展。微笑能够让女人永远年轻，充满活力。无论在什么时候，你只要看到她的微笑，就能感受到那种充满希望的力量。这样的女人在任何时候都是受人欢迎的。

人们常说："笑一笑，十年少；愁一愁，白了头。"的确是这样，如果整天一副愁眉苦脸的样子，还有什么幸福可言呢？遇到事情的时候，不是想着用什么方法去解决，而是满面愁容或者挥洒大把眼泪，这样的女人即便长得好看，也没有内在的韵味。

吴丽是一个农村女孩，为了开阔自己的眼界，她来到了大城市，并通过自己的努力在这里扎下了根。吴丽刚刚来到这个城市找工作的时候，被一个骗子骗走了身上仅有的六千块钱，但是走投无路的她并没有因此消沉，因为她懂得消沉也无济于事，所以她选择微笑面对。第二天，她去一家大公司应聘，负责招聘的工作人员看到吴丽脸上的微笑，觉得她一定是一个自信的女孩，当时就决定让她来这里上班。刚来公司时，她只负责打扫卫生之类的工作，不过她并没有抱怨，还总是微笑地和同事说："我很知足，也很幸福，至少我现在可以养活自己。"

由于公司资金周转出现了困难，到发工资的那天，每个员工都只拿到一半的工资，所以难免会有各种各样的抱怨。可是吴丽却安慰大家说："不要有什么顾虑，公司只是资金周转暂时出现问题，总有过去的一天，到时候，老板一定会把工资补发给我们的。"这一切都被老板看在眼里，记在心上。一个月之后，公司终于渡过了难关，并且补发了上个月欠员工的另一半工资，而吴丽则被老板提升为助理。

微笑和自信是走向成功不可或缺的。它是一种力量，能够使一切困难迎刃而解。

生活有时候就像一面镜子。如果你用微笑面对它，那么它还给你的就是微笑；如果你传给它的是痛苦、惆怅，那么你收到的也将是愁眉不展。微笑是人与人交往最简单的方式，它可以缩短人与人之间的距离，为深入沟通与交往营造温馨、和谐的氛围。

有人把笑容比作人际交往的润滑剂。而在各种笑容中，微笑是最自然大方、真诚友善的。微笑中蕴藏着幸福，饱含着生机，充满了希望,洋溢着甜蜜和美好……

在当今时代,环境的改变、观念的不同、心灵的困惑等都影响着女人寻找幸福的脚步。女人要想让自己经常保持愉快,轻松获取幸福,除了必须具备的知识、技能、素质外,不可或缺的还有积极乐观的人生态度和充满自信的微笑。

02
做最自然的自己，保持自己的女人味

女人味是女性美丽的灵魂所在。那究竟什么是女人味呢？其实，女人味就是女人的内涵。女人味是女人独特的、内在的东西，是从骨子里散发出来的气质——神秘、温婉……它也许是女人身上散发出来的那种母性光辉，也许是女人在厨房中忙得不可开交时的回眸一笑，也许是温柔的眼神中那一点儿细致的关怀，也许是饮过一杯红酒之后脸颊上泛起的那两抹红晕。

一般有女人味的女性通常是心思敏捷、玲珑剔透、善解人意的。有女人味的女性，无论是言谈还是举止，都能表现得大方得体，恰到好处，和她们在一起工作或聊天都会感觉轻松、舒服。她们有一种吸引力，让人忍不住想多看几眼，想和她们多待一会儿。能给人这种感觉的女人就有十足的女人味。那么，女人味究竟表现在什么地方呢？

具有女人味的女人是雅致的。她们会用微笑做最美的饰品，用符合自己气质的服装衬托自己的魅力。她们品格高尚，像兰花，优雅而不娇媚；像菊花，即便在秋日亦能笑看百花残。她们有独立的人格，具备经济独立的能力，无论在什么场合都能很好地展现自己。

具有女人味的女人是有品位的。她们非常注重学习，拥有渊博的学识；她们独立自信，在自己的事业里体现着自我价值；她们拥有广泛的兴趣爱好，并以此来丰富自己的内心世界。

具有女人味的女人是"多情"的。她们富有情调，把自己的小家布置得清新舒适、井井有条；她们富有风情，那一举一动、一言一语、一瞥一笑，至善至美；她们富有韵味，那份散发着古典美的东方神韵像一朵永远盛开的美丽的花，不会随光阴的流逝而凋谢。

具有女人味的女人是有魅力的。她们亲切、随和，让周围的每个人都愿意和她们亲近，与她们谈天说地；她们给人以启迪，教人努力感受生活之美；她们温婉体贴，给人以安心和舒适的感觉。

在各种美容技术日新月异的今天，要成为一个容貌漂亮的女人并不是什么难事，而要成为一个有女人味的女人却是不容易做到的。缺少修养、文化、阅历就不能使人感受到女人味。所以说，女人味不是与生俱来的，是要通过后天培养的。那么，女人怎样做才能拥有女人味呢？

一是有主见，有独立的思想。女人有主见，就不会缺乏自信，做事就不会唯唯诺诺，盲目地听信别人的言论。有主见的女人，知道给自己一个空间，她们有自己的追求，自信并永远努力进取。女人只有懂得拥有自己独特的品位，才能让自己在众多的女性中脱颖而出。

二是经济上一定要独立。女人只有经济独立，才不会在家庭生活中受制于他人，才能够过自由自在的生活。

三是要拥有较高的生活品位。比如读书、品茶、插花等，既可以陶冶身心，又可以提升品位。另外，有闲暇时间，可以多参加一些有益身心的运动，比如爬山、打羽毛球等。运动可以使你永远充满生命的活力、生活的热情。

四是不盲目追求时髦。我们应该深入地了解自我，穿款式、风格与自己气质相符合的服装。

03
良好的修养让女人温暖如阳光

　　修养是一种感悟，也是一种更为简单、纯净的心态。有修养的女人在面对纠纷和矛盾的时候，总会展现出一颗宽容之心，用宽广的心胸默默包容他人，从而化干戈为玉帛；有修养的女人在生活中能处处为别人着想，并且具有极佳的亲和力；有修养的女人在工作上能够从容不迫，面面俱到。作为女人，将良好的修养作为生命的底色，无论身处何地都能够从容、镇定地面对一切。

午后的阳光格外明媚，两个年轻的妈妈各自带着孩子到楼下玩耍。两个小家伙到楼下就开始撒欢了。他们东摸摸西碰碰，对周围的一切都是那么好奇。

忽然，远处传来一声呵斥："不许摘花！"也许是这个声音过大或者语气过于严厉，两个小家伙被这突如其来的吼声吓哭了。原来是这两个年轻的母亲只顾着聊天，一时没有注意到孩子。两个调皮的小家伙看到花园里盛开的鲜花，就用稚嫩的小手把花儿一朵接一朵地摘了下来，呵斥声正是来自一个老人。老人原本是想阻止孩子继续摘花，没想到吓到了孩子，于是一脸愧意地真诚地向孩子家长表示歉意。

看到自己的孩子因为受到惊吓而大哭，每个当妈妈的都会心疼，但是这两个年轻妈妈的做法却大不一样。其中一个妈妈一边哄孩子，一边向看花老人表示歉意，因为毕竟孩子不应该摘花。而另一个妈妈则抱起孩子就训斥老人并且破口大骂。周围的很多人都觉得这个妈妈实在太过分了，纷纷指责她没有修养。

听到大家的指责，这个对老人破口大骂的女人抱着孩子愤怒地离开了。

女人的修养会通过其言行举止表现出来，我们从点滴小事中就能够看到她的修养如何。因此，不要学故事中破口大骂的少妇，尽管她年轻漂亮，但是她的粗鲁行为在无形中让她的美丽大打折扣。而另外一个肯承认错误的少妇，其善待他人的做法无疑给自己的美丽加分，体现出自己的涵养和对别人的尊重，其实尊重别人就是在尊重自己。有修养的女人总会像花朵一样芳香四溢，让人赏心悦目。

有修养的女人犹如冬日的阳光给人以温暖，照亮自己的未来。因此，一个女人可以不漂亮，但是不可以没有修养。有修养的女人会在岁月的流逝中历练自己，沉淀自己。她们的爱心就像明媚的阳光，照亮人们的心房。

张依云的父母都是人民教师，可以说她是在书香中长大的。从张依云懂事起，她的爸爸和妈妈就告诉她要做一个富有爱心的女孩。张依云的妈妈经常说："爱心能够体现一个人的素养，只有博爱的女人才能得到幸福，才会拥有一个美好的未来。"由于从小受父母熏陶，张依云成了一个很有爱心的女孩。

长大后，张依云的爱心成为她人生路上的灯塔，时刻照亮她前行的方向。在大学即将毕业的时候，张依云把藏在心中的梦想告诉了父母。她的梦想是去边远山区做一名老师，用自己的知识给山里的孩子带去希望。

张依云的梦想来自在大学期间的一次山区之行。张依云一直是学校的爱心志愿者，有一次，她参加学校组织的献爱心活动，来到边远山区。当她看到这个偏僻、贫穷的小山村和孩子们渴望得到知识的目光时，她的心被刺痛了。由于小山村贫穷落后，来到这里的老师一个接一个地走了。望着孩子们一双双清澈的眼睛，张依云暗下决心：大学毕业后到这里支教，让这里的孩子走出大山。

张依云的父母听到女儿的愿望，表示理解和尊重。尽管心中有万分不舍，但是他们没有理由反对孩子的那片爱心。父母善意地提醒她，在做出最后的选择前，要考虑一下能否受得了物质上的艰苦。张依云坚定地回答："只要那里的孩子能有书读，什么困难我都能克服。"

在父母的祝福声中，张依云踏上了追寻梦想的征程。

多么富有爱心的女孩！相信张依云一定能够帮助贫困山区的孩子走出大山，改变命运。张依云的修养来源于纯洁、美丽的内心和情感上的丰盈、独立。她的爱心令人欣赏，令人赞许。

女人的修养不但能够彰显出女人的气质和魅力，还能将女人身上的闪光点淋漓尽致地展现出来。除此之外，有修养的女人能真正懂得什么是生活，如何去生活，明白未来的道路通向何方，知道怎么样才能够到达。在人生的征途上，她们可以用良好的修养踏平前方崎岖不平的路，向着幸福的曙光大步前行。

良好的修养能为女人的成功铺路,能帮助女人获得社会的认可和幸福的生活。所以,为了生活的幸福和事业的成功,女人要努力提升自己的修养。

第五章 致力于事业的女人是美丽的

有事业的女性,自带个人魅力与光环。

01
女人拥有事业，人生会更美好

事业对于我们每个人来说都是十分重要的。一份好的工作，不仅可以让我们的生活更加有保障，让我们的人生更加美好，还可以让我们实现人生价值和理想。

在越来越重视女性价值的今天，一些女性开始寻找自身价值。婚姻，不再是现代女性生命中唯一重要的选择和归宿。事业，可以让女人在经济上得到独立，能让女人找到精神寄托，能让女人的心态永远保持年轻。因此，女人应该拥有自己的工作，哪怕收入再少，也不能辞职，虽然微薄的工资不算什么，但工作带来的自信是其他东西取代不了的。

当女人拥有事业心，有自己的精神领地时，她会生活得更快乐，也会更加自信。即便是人过中年，那份心灵上的富足所折射出来的美也是闪亮耀人的，而这也是一个现代女性的尊严。

拥有事业，可以为你带来一定的物质基础，保证你的生活水平。聪明的女性懂得，只有靠自己的双手获得的财富，花起来才会底气充足；只有在一定经济基础的前提下，才能够实现自己的梦想。

02
打造你的职场品牌

在市场上，一种商品不可替代是因为它有自己独特的卖点。同样，人与人之间的竞争亦是如此，能够在职场中胜出而不可替代的人也必定有自己独特的"卖点"。也许有人认为自己的高学历是"卖点"之一，然而，高学历不是"卖点"，因为我们有，别人也有；拥有工作的基本技能也不是"卖点"，因为电脑技能、英语人人都在学；经验丰富也不是"卖点"，因为随着科技的不断进步，我们的经验很快就会被创新的方法代替。

就像商品都有自己的品牌，当作为一个消费者，面对种类繁多的商品时，你一定会优先选择安全性高、使用价值突出的品牌。品牌往往意味着风险的降低及对产品独特性的认可。同理，你如果想在职场得到大家的认可，也得树立自己的品牌，让自己变得强大起来。

个人品牌代表着一个人的能力、信誉和才干。它不仅可以让你从众人中迅速脱颖而出，还可以为你带来比别人更多的发展机会。当你的个人品牌得到广泛认可时，你就会名利双收。对我们来说，名字就代表着我们的品牌。

可能有人会问："我们的品牌怎么得来？'卖点'又在哪里呢？"学历、技能、经验看起来貌似不错，但是企业的管理者会认为这是每位求职者的敲门砖，不够独特。换个角度，如果职场中的大部分人都以此为"卖点"，那么我们的优势又在何处呢？

因此，我们要不断提升自己的价值，同时也不要给自己设限。这种"限"不仅指我们能做到的高度，也指我们可以做到的宽度。在自我提升的过程中，不必在意领导是否会注意自己，也不要计较多做的事情会不会得到应有的报酬，如果我们能够做到，就一定能够赢得更多的发展机会。

毕业后，吴琼进入一家业内闻名的设计室工作。她事业的发展最关键的一步是她要成为设计室的骨干，因为这家设计室的创始人有着全国一流的设计思想。

作为一名设计师，吴琼很清楚，假如仅满足于做一名小兵，那自己永远都只是一个没有进步的执行者，自己的思路也不可能有打开的那一天。她觉得既然已经接触到了一流的人物，那就要多向他学习，以打开自己的思路。

这家设计室的创始人夏先生是一个非常严肃的人，做事一丝不苟。为了多了解自己的老板，吴琼对夏先生的一举一动都非常关心。有一次公司聚餐，夏先生的妻子也在，她随口说了一句："前两天，我叫老夏和我一起来这儿吃饭，他还不答应，说等着和大家一起吃。"吴琼想起了原本定的聚餐时间是昨天，但改到了今天，是因为昨天工作室人数凑不齐，无法达到餐厅的优惠要求。而为了优惠，夏先生就调整了日期。吴琼看到了夏先生的做事风格。

后来，吴琼听同事说，夏先生是白手起家，据说在他的设计作品不被圈里认可的时候，他一度靠借债度日，并且还免费给人设计，吃了很多苦头。如今，虽然夏先生有了很高的声誉，但他依然保持着以往节俭的作风。夏先生唯一说过的玩笑话，就是"要少吃饭，多工作，尤其是中午的时候，一个煎饼就能解决吃饭问题"。根据自己的观察，吴琼已经了解了夏先生的做事风格。

终于有一天，机会来了。夏先生给吴琼钱，让她去订桶装水。吴琼认真地比较了一下桶装水的价格，定下了一家，然后她又利用长期订水的优势，争取了一定的优惠条件。然后，她拿着节约下来的钱走进了夏先生的办公室。另外，吴琼也很注重工作中的一些细节，比如，她养成了随手关灯、不用电脑的时候就关闭显示器的好习惯。有一次下班走的时候，夏先生看到吴琼正在检查所有人的电脑，直到确认所有电脑都关闭了，才关好灯离开。

吴琼这种重视细节的习惯，果然赢得了夏先生的好感。夏先生亲自指点吴琼进行设计，并乐于跟这个同道中人分享自己的想法。

有了夏先生的指点，吴琼比之前更加努力地工作，在晚饭后回到办公室继续工作。她认真研究夏先生设计的作品，挖掘其设计理念，遇到想不明白的地方就虚心向夏先生请教，力求让自己设计的作品能赶上甚至超过他的。为此，在设计每一幅作品的时候，她都会查阅大量跟作品相关的资料，以求设计出来的作品能很好地体现作品本身的中心思想。除此之外，她还经常翻阅一些海外杂志，吸收国外设计师的理念，不断提高自己的设计水平。在设计的过程中，她会不断修改自己的作品，直到自己满意为止。

吴琼的努力被夏先生看在眼里。有一天，夏先生的助手因故辞职，在挑选合适的人选时，夏先生自然而然地想到了生活中注重细节、工作一直兢兢业业的吴琼。

故事并没有结束，随着时间的推移，吴琼在设计圈里已经小有名气，引起了更多人的关注，其他设计室纷纷邀请她加盟。为了挽留她，夏先生多次提高她的薪水，吴琼的薪水比普通设计师的高出了三倍。

吴琼能取得如此成就，其实没有什么好奇怪的，因为她懂得不断提升自我价值，把自己的"卖点"展示出来，使自己变得不可替代。

对于企业来说，那些最优秀、最有价值的员工永远是最受青睐的，因为他们让老板发现了自己的"卖点"。正如一位老板所说："我的销售人员共有十人，三名销售高手创造的销售额高达总销售额的百分之五十，这几个人我是最丢不起的。"

无论在什么领域，一个人只有拥有了别人不可替代的能力，才会使自己的地位坚不可摧，永远立于不败之地。

我们怎样做才能增强自己的"卖点"，从而在单位里不可替代呢？以下方法，可以增强你的"卖点"。

（1）在做好分内之事的时候，不要推脱掉自己认为不重要的工作。因为，自己所有的努力都不会被遗忘，总有一天会为自己带来升职加薪的机会。

（2）拥有挑战高难度工作的勇气。只有不断挑战高难度的工作，才能最大限度地发挥自己的潜能，从而提高自己的工作能力，向成为不可替代的员工靠近。

（3）要学会不断创新。在做好本职工作的同时，还要不断去想是否有可以创新或改善的地方。如果你随时随地地要求自己不断改变，不断创新，那你的工作能力就会达到一般人难以达到的高度。

我们在忙碌的工作之余，不妨多问问自己：在这个企业里，我有没有什么安身立命的资本？我是不是最有"卖点"的员工？如果得到的是否定答案，那就要不断努力，不断给自己充电，随时更新自己的文化知识和职业技能，直到让自己成为最有"卖点"的人为止。

03
精英是怎样炼成的

有的女性朋友在初入职场的时候,都会有这样的误解:我是名牌大学毕业的高才生,应该站在一个更高的起点开始自己的职业生涯,这样才符合自己的追求,而那些基层的工作怎么也不该自己去做。有了这样的想法之后,她们就会排斥基层工作。在她们心中,渴望一步就能够成为精英。

一般来说,刚步入职场的前几年都是投资阶段、学习阶段,所以,我们需要不断地努力工作,在忙碌的工作中学到专业技能,积累工作经验,开阔眼界,增长见识。等到你通过自己的拼搏,让职位升到一定程度,而且跟领导保持良好的合作关系时,你离心目中的精英的距离就会近很多，而且加薪的幅度也会大很多。

现代社会，职场中的女强人越来越多，她们之所以"强"，就是因为她们能够用心对待每一件事。从默默无闻到功成名就，大多会经历一段很远的路程。

陈可欣毕业于一所普通大学的土木工程专业。毕业后，她找到了一份与自己专业对口的工作，是在一家建筑公司做助理工程师。也许是因为经验有所欠缺，她进公司后设计的第一份图纸就被领导退了回来。更令她难过的是，一连几个月，她给总工程师提的建议都被一一否决，设计方案就更不用提了。为此，陈可欣很消沉。她觉得自己有愧于现在的职位。

不过，陈可欣心里明白，消沉是没有用的，自己只有不断强大起来，才能在公司里有更好的发展。她对自己进行了分析，得出结论：只有不断加强专业技能方面的学习，才可以快速成长。为此她专门报名去上土木工程实践课。在学习的过程中，任课老师不断指出陈可欣设计中存在的不足。陈可欣心想：总有一天，我也会成功的。

从此，陈可欣更加刻苦学习，有不懂的问题就虚心请教老师；并且她看了很多别人的设计作品，吸取他们的长处，来弥补自己的不足。每天下班回家之后，她都会学到很晚。很多时候，当她准备休息的时候，已经是凌晨两三点了。

终于，功夫不负有心人，经过不断努力，陈可欣的设计方案得到了老师的肯定，老师还特意夸她有创意。而与此同时，她在工作中的设计作品也得到了领导的认可。在之后的工作中，她表现得越来越优秀，深得领导的喜欢。一年半之后，她被提升为部门主管，工资也比之前翻了一番。

每个人的成功在旁观者看来，都是轻而易举的。然而，事实并非如此。任何人的成功都是经历了由量变到质变的过程。只有量变积累到一定程度，才会发生质变。

我们如果总是害怕前途渺茫而放弃努力，迷失了前进的方向，就会在不断的游离之中，消耗掉雄心壮志，失去探险的勇气，安于琐碎而烦闷的生活。这样的想法和行为不仅不能让我们在职场中站稳脚跟，还会让我们失去事业的梦想。所以，唯有不断修炼自己，才能圆自己的女精英之梦。

亲爱的女性朋友，如果你的目标是成为职场中的女精英，就要有战胜一切困难的勇气，要有不畏艰难、敢于拼搏的精神。只有不断挑战自我，超越自我，才能走向成功！

04
给别人面子就是给自己机会

在职场中，因为不懂为领导留面子而毁了自己前程的故事屡见不鲜。

每一个领导都希望手下有一个能及时帮自己找回面子的下属，在必要的时候，下属可以主动为自己填补一些工作上的纰漏，以维护自己的地位和尊严。而作为下属，若能随时帮助领导挽回面子，尽力维护领导的尊严和权威，就一定能够赢得领导的信任和青睐。

人无完人，领导也会出现失误。可是当领导出现失误时，你最好不要当众指出，因为领导都很看重面子，你在人前指出来，无疑是给领导难堪。在特殊情况下，你如果能及时为领导"补台"，保住领导的颜面，就很可能给领导留下良好的印象。当然，你采取的方式一定要自然，不要过于明显，否则会让人怀疑你的动机不纯。

最近，林志君升职了，这一人事调动让所有同事都大跌眼镜，因为在大家看来，论能力，林志君并没有太多的优势，领导怎么会让她升职呢？后来，跟她同在一个部门的肖丽华为大家揭开了谜底。

原来，半个月前，一次偶然的机会，林志君陪领导去见客户。他们见的客户是北方人，而且这个客户非常热情。他们当地有个习俗，那就是招待客人的时候要大碗喝酒；如果对方喝的酒少，就表示彼此的交情不够深，人不够义气。

不巧的是，领导前几天犯胃病，才刚刚好，此时无疑不能喝酒。而陪领导的人群当中，只有林志君站了出来，替领导挡掉了所有的酒，大家都对她刮目相看。虽然林志君是一个女孩子，但她的酒量非常好，而且林志君谈吐豪爽，对客人又彬彬有礼。她不仅令大家大开眼界，还让领导在客户面前很有面子。最后，跟客户的合作取得了成功。

不久，领导就把林志君提拔到了一个重要的位置，并且专门强调，让林志君主要负责接待北方的客户。这对林志君来说，不是什么困难的事情，因为她有好的方法。她用热情和客户联络感情，用业绩证明自己的能力。林志君广泛的兴趣就像一把金钥匙，为她开启了一扇又一扇的成功之门。

在职场中，下属一定要摆正自己的身份和位置，始终记得维护领导的面子，这也是一种智慧和处世之道。

要知道，现实中，每个人都认为自己是正确的、优秀的。如果你在众人面前没有给领导留下发挥的余地，就很容易让领导产生这样的想法：你总是比我高明，把我摆到什么样的位置了呢？领导一旦有了这样的想法，那你就可能会被领导冷漠对待。

作为领导，自然比下属更有能力，所以领导的心理上也会有一种"面子需要"。因此，遇事多请示领导，就可以将这种"面子需要"提供给领导。

在工作中，给别人提意见时要格外注意。因为没有人愿意自己的缺点和错误暴露在大庭广众之下，尤其是领导，因为那会大大伤及他的面子。如果真的有很好的意见要向领导请示，你最好用建议的语气和方式，如："我觉得……您的意见呢？"这样会让领导更容易接受。

总之，不管在何种情况下，都要顾及领导的面子，这也是职场的一条"铁律"。如果你忘记了这条"铁律"，结果让领导丢了面子，也同样丢了自己的机会。

05
想要当女王，先学会示弱

　　大部分人都喜欢逞强，总以强大来标榜自己，想借此赢得尊重和崇拜。但实际上，凡事都逞强好胜，往往会碰得头破血流；而学会适当地示弱，倒是更容易被人们接受。

　　婴儿啼哭，有时候代表他饿了，也有时候代表着他需要大人抱，需要大人和他一起玩，希望得到大人的爱抚。婴儿以特殊的"示弱"方式告诉大人他需要爱和温暖。相反，不哭的孩子，大人对其投入的关注相对就会少些，因为他不哭不闹，不让人烦。因此，爱哭的孩子可以得到更多的关注。

在英国，有一个家喻户晓的故事。撒切尔夫人担任英国首相的第一天，参加完就职典礼后回家。"砰砰砰"的敲门声惊动了正在厨房为妻子准备庆功宴的撒切尔先生，他随口问了一句："谁啊？"刚刚荣登首相宝座的撒切尔夫人春风得意，大声回答道："我是英国首相！"结果，屋内半天没有任何动静，也没人来开门。撒切尔夫人一下子就明白是怎么回事了，她清了一下嗓子，温柔地说："亲爱的，开门吧！我是你太太。"门很快就打开了，丈夫给了她一个热情的拥抱。

这就是示弱的作用，它可以拉近人与人之间的距离，消除他人心理上的防备和敌意。当你处于特殊的环境中时，当你想赢得他人的好感时，当你想争取成长的时间时，用示弱的方式可以避免一些不必要的麻烦。

张宁是公司市场部职员，她很聪明、自信，但有点儿心高气傲。由于她刚来公司不久，比她早来公司的同事似乎有着很强的优越感，总是指使她干些工作范围以外的事情。

张宁暗暗地在心里告诉自己，一定要做出成绩来，只要自己把业绩做好，就会得到领导的赏识。

因为业绩出色、聪明、勤奋，还肯乐于助人，渐渐地，张宁美名远扬。半年后，几乎整个公司都知道市场部的张宁虽然来公司的时间不久，但工作能力很强。

在一次公司会议上，领导宣布市场部有人事调整，张宁自信地以为自己这次一定会被提拔。然而，张宁的愿望落空了。

张宁怎么也想不明白，她总是在心里问自己：我到底哪里做错了呢？

一天，办公室的一位同事主动约张宁喝茶，张宁趁机请同事指出自己工作中的不足。同事说："你太心高气傲了，所以领导才不愿意提拔你。"

张宁这才明白，自己过去表现得过于强势，反而让别人觉得不舒服。随后，她开始有意识地改变自己。在工作中遇到困难时，她会主动向同事们请教。同时，她逐步改变自己独来独往的习惯，在工作之余，与同事接触得也多了，偶尔会将自己的弱点、缺点以及不为人知的"另一个自己"故意暴露给对方。

没过多久，张宁跟同事之间的关系就变得十分融洽了。此后，她更是谦虚谨慎，不再凡事逞强。在第二年的综合评定中，她的员工互评分数比其他人的都高。一年后，她被顺利地提升为部门经理。

通常，人们对比自己强的人往往会心存戒备，甚至会有敌意。因此，在职场中，如果你总是强调自己的优势，处处表现得很强势，就很容易引发对方的抵触情绪。相反，如果你放低姿态，暴露一些短处，则往往能消除对方的戒备心，甚至获得对方的帮助与支持。

06
该谈"薪"时就谈"薪"

许多上班族都有类似的苦恼：老板经常说"好好干！我是不会亏待你的"，却丝毫没有支付加班费、奖金和补助的意思，致使你在公司里干得最多，工资却不是最高的，甚至比平级低。同事辞职后，领导让你暂代此职，直到招到新人。在这期间，你干两个人的活，不但工资未涨，新人也迟迟未来。"不招新人，也应给我涨点儿工资吧！"你在心底呐喊，老板也是知道的。但是，你不叫出声，他就装作不知道。

宋诗蕾是公司的业务骨干，是公司举足轻重的中坚力量。她很受老板的重视。但是她也有自己的烦恼。因为她的重要性，老板大事、小事都离不了她，凡事都要找她一起商量。为此，宋诗蕾经常为额外的工作加班加点，并且为此付出了很多的精力和时间。尽管她的职位升了上去，但却没有得到应有的待遇。上周，她领了五千元薪水，依然是普通员工的待遇，而以前主管的月薪是八千元。宋诗蕾特别郁闷："我每天这样工作，公司对我也很看重，为什么升职半年多，老板还不给我加薪水？如果工作干得不好，那他为什么要给我升职？"

不知内情的同事，常开玩笑要升职的宋诗蕾请客。当宋诗蕾说工资未涨时，大家都不相信："怎么可能？你那么受老板重视，职位还升了……"

"到底该怎么办？如果一升职就跟老板谈涨薪，多不好意思。搞不好的话，老板还会以为我太功利、不大气。"但不说的话，宋诗蕾心里又很不平衡。她认为自己的工作量增加了，担负的责任也大了，应该拿到相应的工作报酬。

在职场中，员工作为弱势群体，为了生存，很多人都会通过牺牲部分利益从老板那里换取生存机会。具体表现为无条件地加班、一味地妥协退让等，基本上没有机会说"不"。而这也在一定程度上助长了一些老板的过分行为，令他们有恃无恐。所以，人在职场，如果老板不加薪或者对加薪的事避而不谈,你一定要找机会和老板沟通一下这个问题。

你要了解不给你加薪的原因。是老板需要时间确认你能否胜任,还是公司预算有限,抑或是老板压榨你。针对不同的原因,考虑不同的办法。

比如,若原因是老板还不确认你能否胜任,需要考查你一段时间,你就要知道老板会用什么指标考核你,期限是多久。大家有了统一的标准以后,你的努力才会有方向。如果是大公司,预算都是一年做一次的,若你在年终升职,涨工资可能需要层层审批。在这种情况下,你要理解老板的苦衷,也要让老板知道你的辛苦需要加薪来肯定,不要忘记和老板约定一个期限,告诉他你希望在什么时间提升收入。

当然,不排除有某些老板故意压榨你。有些老板为了鼓励你多干活,会采取画饼充饥的方式来鼓励你:"好好干,干得好给你涨工资!"这种赤裸裸的"画饼"方式,第一次讲的时候,或许好使。但是面对员工的二次"进攻"再继续"画饼",意义就不大了。这时候老板往往会使出另外一招:只升职而不加薪。让你戴着高帽,任劳任怨地多干活。这时候,你就要判断升职对你的能力提升或者长期发展是否有帮助。如果有帮助,虽然没有增加收入,但还是可以在这个职位干一年半载。因为故意压榨你的公司规模一般都不会大,你想跳槽到大公司再担任这个职位,机会比较小。所以即使没有增加收入,你也可以先做一年或半年，等自己的能力确实提升时，就可以去外面寻找新的工作机会。如果你判断这个新职位没有什么含金量，就赶快做好准备寻找下一份工作吧。

第六章 会交际的女人更富有

交朋友,不是让我们用眼睛去挑选那十全十美的,而是让我们用心去吸引那些志同道合的。

01
即便一无所有，也不能没有朋友

人脉是一个人的无形资产，是我们手中握有的最宝贵的财富。你可以没钱，但是一定要有朋友；因为朋友会在你困难之时向你伸出援助之手，会在你伤心难过之时贴心地听你倾诉，帮你解决问题，直到你能勇敢地走出困境。

也许你想要认识某人，他或许是某个领域的专家，或许是一个你所崇拜的人，抑或是一个帅哥……但是你犹豫了，因为你觉得你们是生活在两个不同世界的人，要想认识他，简直就是异想天开，是不可能实现的。那么，你觉得他究竟离你有多远呢？

我们可以先思考这样一个问题：你觉得一位普通的土耳其烤肉

店老板和他最喜欢但并不相识的好莱坞著名影星马龙·白兰度可能会建立起联系吗？他们一个住在德国的法兰克福，另一个住在大西洋彼岸的美国。不要认为这是无聊的空想，这件事真实发生了。德国的一家报纸接受了这项挑战：通过朋友关系帮助烤肉店老板寻找能够与马龙·白兰度交往的人。功夫不负有心人，几个月后，两个毫不相干的人真的建立起了联系。

原来，烤肉店老板的一个朋友住在加利福尼亚州，而朋友的同事是一部电影制作人的女儿在女生联谊会上认识的姐妹的男朋友，而这部电影的主演正是马龙·白兰度。就这样，两个看起来毫不相干的人，通过几个人的联系建立起了人脉关系。

在现实生活中，你也许会遇到如下情况：

你现在的同事想要买一辆经济实惠的汽车却无从下手，而你的一位同学刚好是一家汽车4S店的经理。

你的朋友正在为买一场球赛的门票而发愁，而你的朋友正在转卖这场球赛的门票。

你的朋友无意中跟你说起他工作中遇到的技术难题，而你的舅舅刚好是这个领域的专家。

…………

这时，你会以怎样的态度去面对呢？你会不会主动提出帮他们介绍认识呢？如果你选择沉默，那么很遗憾，你可能错失了一次扩大人际网络的机会。

在庞大的人际网络中，你既是其中渺小的一员，也是自己人际网络的中心。每个人都有自己的人际价值，只有把自己的价值和朋友的价值联系在一起，才能产生更大的价值。当你牵线搭桥介绍两个原本不认识的朋友相识时，不仅他们之间通过你建立起联系，你的人际网络也会在无形中被拓宽，你的人脉资源也会越来越丰富。

于是，当你遇到麻烦时，比如你的公司资金周转出现问题，很可能就会出现这样的情况：这件事被自己的朋友知道了，他主动打电话问你，并且告诉你他可以给你拿出十万元帮助你渡过这个难关；你刚刚挂断电话，另外一个朋友的电话也打了进来，他也听说了你的遭遇，也主动提出可以拿五万元给你应急……

所以，建立强有力的人脉关系的基本逻辑是寻找并且确定自己的价值，然后把自己的价值传递给身边的每一位朋友，并且促成更多信息和价值的交流。在这个过程中，你不仅收获了人脉资源，还可以让你的人脉网络得到扩展。

02
你的朋友圈体现着你的三观

  一个女人，身边的朋友是自己最好的名片，正所谓"知其人，观其友"。当一个女人身边都是一些喜欢八卦或者在背后说人坏话的朋友时，即使她是一个非常出色的人，也不会有人相信她。而我们如果能结交一些比自己优秀的朋友，就可以让自己变得更优秀。

  朋友对于一个女人来说很重要，尤其是一些对自己有益的朋友，因为他们能够让自己不断成长，勇攀高峰。古人常说："物以类聚，人以群分。"这话一点儿不错。一个人周围如果是道德高尚的人，那么她也会努力让自己变得优秀，努力去赶超朋友；而一些品行恶劣、道德败坏的人，其身边也一定是些品行相近的人。

朋友不在于多，而在于质量。因为一个人的朋友质量影响着其一生的成功。像俞伯牙一生有一个钟子期就足矣。做个有心人，对朋友付出自己的真诚，以心换心，才能结交到真正的朋友。曾经有学者对三十位成功人士进行调查后发现，这三十位成功人士中，每个人身边的朋友都是成功人士。换句话说，如果一个女人的身边都是一些优秀的人，那么耳濡目染，在不久的将来，她就会变得和他们一样优秀。

胡小燕刚刚大学毕业，参加工作。这个性格开朗的女孩由于非常热心，很快就赢得了周围同事的喜欢。小燕居住的地方和同事蓝冰在同一个方向，所以每天下班后两个人一起回家。时间久了，两个人自然就成了无话不谈的好朋友。

她们的单位在一个小区里，每次进出小区都要刷门禁，很多骑电动车、自行车的人不方便开门，而小燕每次都是帮忙把着门，等大家都走完了，自己才走。有几次蓝冰都是只顾自己往前走，等她再回头的时候，才发现小燕这个热心的举动。渐渐地，她也被小燕的这个举动感染了。

有一次，有个送桶装水的小伙子骑着三轮车进入小区。蓝冰马上帮忙开门，小伙子十分有礼貌地向她道谢。听到感谢，蓝冰的心里瞬间感到很温暖。从此以后，她也经常帮忙，很多人看到她富有爱心的举动，都对她投去欣赏的目光。

好的朋友不仅是益友，也是良师。他们可以对我们产生良好的影响，帮我们向好的方向发展，修正我们的人生观、价值观和世界观。女人在社会生活中向比自己优秀的人靠拢，这样做不是庸俗，而是为了从他们那里得到鼓励和帮助，完善自己，激励自己变得更加优秀。同时，在优秀的朋友的熏陶下，我们更容易走向成功。

和优秀的朋友交往，会发现自身的不足，从而让自己在短期内有一个大的提升。结交优秀的朋友，既是在拓展人际关系，同时也是在学习丰富的经验，为自己铺路，让自己向更好的方向发展，成为一个同样优秀的人。

03
财富不是朋友，但朋友一定是财富

人们常说"多个朋友多条路，多个冤家多堵墙"。

身为一个女人，你不可能只凭借自己的力量去闯世界，即使是那些白手起家的女人，也是借助众多人的支持才取得成就的。

法国有一本书告诉那些想在仕途上有所成就的人，必须搜集一些将来最有可能做总理的人的资料，并把它们背得滚瓜烂熟，然后有规律地按时去拜访这些人，和他们保持较好的关系。这样，这些人之中的任何一个当上总理时，自然不会把你忘记，或许会给你一个很好的职位。

与别人有交情才容易得到他人的赏识，否则任你有登天本事，别人也不会知道。有些人能力平庸，然而风云际会，也会成为命运通达的人。

俗话说得好："在家靠父母，出门靠朋友。"生活在社会上的每个人，都离不开朋友的帮助。你只有随时保持着乐善好施、成人之美的心思，才能结交到真正的朋友。我们不要小觑对一个失意人说暖心话、对一个将倒下的人轻轻扶一把的力量，或许你没有什么得失，而对一个需要帮助的人来说，你的一个小小的举动很可能就是动力，就是支持，就是宽慰。人生在世，每个人既需要别人的帮助，又需要帮助别人。

总的来说，每个人都逃脱不掉一个"情"字。在人际交往中，多储蓄一些人情是值得的。

以下几方面，你在平常生活中就应提醒自己做到。

第一，在别人需要帮助的时候，帮助他们。

施恩不图报，不要因为要人感恩才去帮忙。这个道理，在詹姆斯·斯图尔德与唐纳·里德主演的经典名片《生活多美好》中展露无遗。斯图尔德饰演的角色，因事业失败想要自杀，因为死后所获得的保险费还可以帮家人摆脱贫困。最后，他被过去他在镇上帮过的上百个人挽救了。因为他太太打了一个电话说"乔治需要帮忙"，他们就带着小额捐款聚集到了他家。

第二，随时表现出你是一个大方、积极乐观的人。

你或许会发现，你在顺利时遇到的人和失意时遇到的是同样一批人。那些在你顺利时受你帮助的人也会在你需要他们的时候挺身而出来帮你。

相反，如果你以消极、使人愤怒的态度拒人于千里之外，你就不能奢望在需要帮助的时候，他们会伸出援手，或为你引荐那些能帮你改善事业状况的人。

第三，恩惠不论大小，都要表示感谢。

对那些帮助过你或试图帮助你的人，你不仅要立即说"谢谢"，还要和他们保持联络，让他们知道他们的帮助让你获得了进步。知道自己施恩于人是件令人高兴的事——要以满足感来回报那些帮助你的人。

第四，不要以一句坏话或一顿吵闹来结束关系。

以尖酸刻薄的话语结束关系，不仅会制造紧张的气氛，而且于事无补。况且，谁知道以后还会不会再同这个人打交道呢？在商业上尤其如此。比如，炒你鱿鱼的那个人也许是出于无奈。你如果把愤怒发泄在他身上，只会增加彼此的憎恶感。所以，你要自己判断，此时此地该不该发脾气。

第五，平常疏于联系时，不要意外地向别人提出要求。

对于平常疏于联系的人，打电话给他们时，可以邀请他们共进午餐，了解他们的生活近况。在某些特别的事情上面，可以提供你的援助。也可以准备一些特别的想法，介绍一些你认识的人或提点儿建议，以使他们的处境变得更好。总之，就是试着找找彼此可以互惠的门路，而不是意外地向别人提出要求。

所以，在与别人交往时，要多为别人想一想，尽量克服一时的情绪。也许你帮了别人一个很小的忙，你对别人多付出了一些关怀，但是体贴和关怀总是"润物细无声"的，别人因此而记住了你，对你产生好感和感激之情，在你困难的时候，他们就会涌泉相报。

04
结识生命中的贵人

在现代社会,"借力"这种方法技巧已在很多领域被广泛地应用。

一位名人曾说过:"良好的品德是成大事的根基,而成大事的机遇是靠遇到贵人。"而且俗话说:"七分努力,三分机遇。"我们一直相信"爱拼才会赢",但实际生活中往往有些人即使拼了也不见得赢,其中关键的一点就是缺少贵人相助。在攀向事业高峰的过程中,有贵人相助往往是不可或缺的一环。贵人不仅能替你加分,还能为你的成功加速。

周佳颖家境不太好,高中毕业后就自谋生路。但她有很强的进取心，小小年纪就立志要创办一家服装公司，而且不露声色地执行着心中的计划。二十岁那年，周佳颖进入一家外贸服装公司做业务员。这是一家著名的时装公司，周佳颖在这里学到了很多东西，为开拓自己的事业做好了准备。

不久，周佳颖就同一个朋友合伙开了一家小型服装公司。在她的悉心经营下，公司的生意可以说相当不错。但是，周佳颖又不满足了，她认为，老是做与别人一样的衣服是没有出路的，她想只有设计出别人没有的新产品，才能在服装业出人头地，这就需要找一个优秀的设计师做自己的合伙人。

然而，这样的设计师到哪儿去找呢？一天，她外出办事，发现一位少妇身上的蓝色时装十分新颖别致，竟不知不觉地紧跟在她后面。少妇以为她是心怀不轨的小偷，周佳颖连忙解释，少妇转怒为笑，并告诉周佳颖这套衣服是她丈夫卢振远设计的，并说她丈夫精于设计，在三家服装公司干过。最近刚刚离开一家公司，原因是他提出了一个很好的设计方案，而不懂设计的老板不仅不予嘉许，反而蛮不讲理地把他训了一顿。

然而，当周佳颖登门拜访时，卢振远却闭门不见，这令周佳颖十分难堪。但周佳颖知道，只有用诚心才能打动他。所以她并不气馁，接二连三地去拜访。她这种求贤若渴的态度，终于使卢振远动容，接受了周佳颖的聘请。

卢振远果然十分优秀，不仅设计出了很多颇受欢迎的款式，而且是第一个采用人造丝来做衣料的人。由于人造丝造价低,而且抢先别人一步,所以占尽优势。周佳颖服装公司的业务蒸蒸日上,不到十年的时间,就在服装行业中一枝独秀。

周佳颖正是认识到卢振远将成为自己事业上的贵人,所以不失时机地抓住了改变她命运的人,使之成为自己的合伙人,从而让自己的事业蒸蒸日上。

其实,每个人的能力往往都局限于某一个或者某几个有限的领域里。这种局限能够在一定程度上有所突破,但是不可能彻底突破。即使一个人再有能力,也不可能做好所有的事情,所以借助别人的能力是必要的。尤其是现在这个分工越来越细而工作却越来越复杂的社会,借助别人的能力,是一种可行的工作方式。所以,成功人士通常都会借助别人的能力、优势来为自己铺就走向成功的道路。

俗话说:"人往高处走,水往低处流。"每个人都想有所成就,但如今这个社会并不如我们想象中那么简单。就像有些年轻人,为什么他们能够像冲天的火箭一样冲出平凡的人群,而为数众多的人却只能陷在自己的小圈子里自哀自叹,难以突破呢?其实问题很简单,关键就在于两个字——"贵人"。

"好风凭借力,送我上青云。"如果有可能,为什么不求助于贵人?为什么不试试乘着春风的感觉?

年轻人一定要常去结交那些极具影响力的人物。当你将他们变成自己圈子里的人时，在他们的影响和帮助下，你会自发地产生一种向上的动力。

　　事实证明，女人必须懂得结识精英人物的重要性，那无疑会让自己的事业如虎添翼。因此，如果你想干成大事，首先就要想办法接近有关的社会精英，与他们交往，建立起相互信赖的良好关系，并且不断地向他们学习，最后赶上他们甚至超过他们。当然，与极具影响力的社会精英相交，可能你会遭遇冷眼、冷语、冷面孔，其实这可以说是在情理之中。作为一个普通人，你当然要做好这种思想准备，正因为精英人物不易结交，所以一旦结交到一个颇具影响力的人物，那将是你一生之福。

第七章

恋爱有方,不累不慌

对待爱情应该比对待其他任何事都要更谨慎。

01
宁可独自优雅也不要仓促入局

在生活中，一些单身的女孩会焦躁不安地寻找爱情。"你有男朋友吗？"面对别人的提问，她们总会感到不安。

其实，幸福的表现形式有很多种，幸福不是只能在爱情和婚姻中得到。

韩茉莉是我在去往杭州的飞机上认识的，她今年四十多岁了，是一个很特别、很吸引人的女人。当时她就坐在我的旁边。因为旅途的无聊，我们很快就热聊了起来。在交谈中，我发现她是一个非常有情调的女人，心性平和但热情，让人不由自主地想要和她做朋友。

刚开始的时候，我以为这样的女人一定拥有一个幸福的家庭，家里有细心呵护她的老公、乖巧听话的儿女。因为她整个人洋溢着幸福感，那种状态，不是每个女人都能拥有的。

熟络之后，受好奇心的驱使，我终于还是冒昧地问起了她的婚姻情况。没有想到的是，她告诉我她还是单身。这么美好的一个女人，怎么还是单身呢？我当时觉得特别不可思议。而且，她并不像其他单身女人那样，觉得婚姻是一个敏感而不可碰触的问题。面对我的问题，她淡然而从容。我在她身上也没有看到想脱离单身的急迫感。

在杭州的时候，每天晚上，我和她都会相约着出去玩玩，或者是去酒吧静静地听一首老歌，或者是各自跳舞。她的舞姿优雅美丽，跳到尽兴处，我感觉我整个人都在跟着她旋转，那种绽放已是极致，让所有人的目光都不得不追随着她。

都说杭州是一个容易邂逅爱情的城市，我也特别期待韩茉莉能够在这里遇到美丽的爱情。于是，我在闲暇之余问她："真的打算一辈子单身吗？你是不是得为你的后半生打算打算？难道你就不为自己的年龄而忧虑吗？"

她说："我现在的生活很好，我想，后半辈子我的日子也应该会过得很幸福。"

我接着问她："你是不是已经习惯了单身，觉得一个人的生活很好，所以才拒绝恋爱？"

"其实也不是这样。如果能够遇见一个合适的人，那么我会勇敢地去接受这份爱情。如果在接下来的交往中，我们的各种观点与习惯都很契合，可以去共同建设更美好的生活，我会毫不犹豫地选择跟他生活。但是，现在我没有遇见这样的人，我也没有必要非要找一个人在自己身边扮演男朋友的角色。爱情不能将就，即使一辈子单身，我也不会降低自己的标准。你问我是否忧虑，我觉得爱情不是时常思虑就能等到的。得之我幸，不得我命。我没必要让自己陷入非常焦虑的状态里，把自己的生活弄得一团糟。"她回答道。

我感受到她有一颗简单、纯净的心。这样的她，内心的强大足以弥补爱情的缺憾，因为她本身就不觉得没有爱情是一种缺憾。

一些女性仓促地步入婚姻可能是受到社会环境的影响。其实，在遇到爱情之前，你可以倾听自己内心的声音，去做你想要做的一切事情，做一个快乐的单身女人，实现你所有的人生梦想。

趁着单身，轻装上阵，跳到你努力想要到达的最高处吧！

02
卑微和疯狂换不来爱

著名诗人徐志摩曾说："一生至少该有一次，为了某个人而忘了自己，不求有结果，不求同行，不求曾经拥有，甚至不求你爱我，只求在我最美的年华里，遇到你。"人的一生本来就很短暂，能够找到一个自己心甘情愿为他付出一切的人不容易，所以很多女孩在爱情面前，不计一切地去付出，去投入。这样的执着使人进入另一个境界，在那个境界里，她有着自己的一套幸福观，世界于她是主观的，所以即便是痛苦，在她看来也是一种幸福。

追求美好的爱情本身并没有错，但是如果爱得太用力，在多数情况下，感情往往会无疾而终。

最初，失去理智的行为也许只是一种得到爱、守住爱的手段，但时至今日，一些女人已经在不断地把它变成真实，为了证明自己的爱而不惜践踏自己的身体，牺牲自己最为宝贵的生命。

严亚宁死心塌地地爱上了一个男人，无奈落花有意，流水无情，不管她如何跟这个男人表白自己的爱意，男人都一如既往地婉言拒绝她的爱意。

这天，严亚宁决定做最后的努力。她对男人说："我是真的爱你，这辈子你不可能再遇到像我这么爱你的女人……为了你，我可以付出一切，包括我的生命。"

男人看着严亚宁苍白的脸，叹了口气说："生命对于每个人来说，都是最为珍贵的。你连命都没有了，还拿什么来爱？不要轻易说这样的傻话。"

最终，男人还是答应和严亚宁在一起了。严亚宁非常高兴，因为，最终她还是让他相信了自己的爱。

但是，故事的结局并不是很美。男人和严亚宁相处了一段时间之后，他被严亚宁的爱困得喘不过气来，而他并不想为她做太多的改变。严亚宁也认为自己爱得太累，自己的付出并没有得到相应的回报。自然而然地，这段感情，很快就在彼此的不满中走向了末路。

世界上有太多的傻女人，她们总是对男人说："我不能没有你。

没有你，我简直无法想象以后的人生怎么过……你说我的朋友不喜欢你，为了你，我可以不要这些朋友；你说你不喜欢我身上的缺点，你把它们全给我列出来，我会改，我全部改掉，你不喜欢的事情我绝对不再做。"

这个时候，男人却说："你知道吗？就是因为你这样，所以我才没有办法继续和你在一起。你让我觉得很有压力。对于我们共有的这份爱，你太拼命，而我却无能为力。"

再者，为了一个男人，不管这个男人还爱不爱你，为了取悦他，你把他眼中所谓缺点全改掉，他不喜欢的事情你绝对不再做，那就像一只刺猬为了爱而拔掉了身上所有的刺。刺猬不再是刺猬，你还是你吗？

所以，女人啊！切勿爱得太用力、太拼命，不要被爱蒙蔽了心智。在爱情面前，我们要保留最起码的理智。

在爱情中，我们可以尽情地享受，但心底要埋下一条线，一条底线。一旦爱情中的另外一个人触碰了这条底线，我们就要清醒，找回理智。

爱情是伟大的，但同时，爱情也是渺小的。除了爱情，我们的生命中还有很多值得我们珍视的人和事。我们无须为了爱而放弃一切，至少有些东西是一定不能放弃的，比如亲情、生命、自我……

从容地去爱，才可以更好地享受爱情，将幸福握在自己手中。

03
爱是争取来的，不是等来的

也许，单身的你还在用羡慕的眼光仰望那些活得精彩的女人，你羡慕她们拥有美好的爱情、喜欢的工作、和谐的人际关系和敏锐的头脑。其实，她们拥有这一切，并不是因为上天对他们格外眷顾，而是因为她们敢于争取自己想要的。即使路途艰辛，她们也在所不惜；即使可能失败，她们也义无反顾。

不管是在工作上，还是在感情上，女人都要学会为自己创造幸福。而人的幸福是由一个个的选择积累起来的，所以，女人要学会勇敢地为自己争取想要的人生。昨天的选择决定了今天，而今天的选择也会决定明天。

蒋一南，一个地道的北京女孩，认识她的人都说她是个工作狂。她除了工作，就爱宅在家里。对于她来说，结识异性朋友的机会很少。但是她和其他女孩一样期待着一份轰轰烈烈的爱情。

有一天，蒋一南隔壁搬来了一个戴着眼镜的男孩儿。他们第一次在楼道里见面，男孩儿冲她轻轻地点了点头，然后微微地笑了笑。男孩儿的微笑，让她的心里泛起了一丝涟漪。虽然她的性格比较开朗，但是在感情的问题上，她却是一个非常腼腆的人。经过几次不太深入的接触，她发现这个男人正是自己喜欢的那种类型，但问题是她根本不敢去表达。

她总是在想象，有一天男孩儿会主动请自己吃饭，或者主动拉住自己的手说："我喜欢你，做我女朋友吧！"

她不知道，其实那个男孩儿也喜欢她，也同样不敢表白。男孩儿经常想象着，有一天她能来敲开自己的门，然后对自己说："我喜欢你，做我的男朋友吧！"但这一切都没有发生。当一个木讷的男人遇到一个只知道等待而不懂得表白的女人时，这段爱情注定是一场悲剧。

三年后，男人娶了妻子，蒋一南也结婚了。

女人要学着为自己的幸福去争取。人生很短暂，你的梦想、爱情，你想要的生活，不要让它们在等待中消失了，也不要让它们布满灰尘，只存在于回忆里。无须等待，你只需要听从自己内心的声音。

听过这样一段话："每个人都会经历一个阶段——见到一座山，就想知道山后面是什么。我很想告诉他，可能翻到山后面，你会发现没什么特别的。回望之下可能会觉得山这一边更好。"每个人都会坚持自己的信念，或许在别人看来是浪费时间，但在他们自己看来却觉得很重要。

即使发现山的后面没有什么特别的，即使最后发现还是山的这一边比较好，即使到最后累了，他们也不会后悔。有些人做了一件事情，最后付出了代价，当你问他："如果让你再选择一次的话，你还会这么做吗？"大部分人的回答是肯定的。

人在后半生的时候，会对自己没有去做某些事而感到后悔，而对自己做过的事情反而没有那么强烈的感觉。

女人，在该争取的时候就要学会争取。去试一试，说不定会有改变。如果你连试都不试，那就真的一点儿可能都没有了，连老天都帮不了你。不要到最后后悔的时候，只会无奈地自言自语道："假如时光倒流，我将……"

在现实生活中，不少女性因为自己的顾虑过多，或是没有将自己的爱情坚持到底，结果在心中留下了终生遗憾。事实上，真诚的爱能融化距离与隔阂，温暖的爱能化解很多问题。因此，在遇到合适的另一半的时候，要努力地去爱，努力去追求属于自己的幸福。

第八章
过得好，婚姻才能不动摇

不成熟的人在事业上或许会有很大的成就，但在婚姻上则不然。

01
嫁最适合自己的男人

　　人们经常会看到这样一种婚姻现象：那些看上去似乎不太般配的夫妻，却过得幸福美满。这是为什么呢？原来全部的奥秘就在于他们有这样一种心态：也许我不是最好的，但我是最适合你的。

　　什么是爱情？有哲人说过，爱情就是当你知道了他并不是你所崇拜的人，而且他还存在种种缺点时，你仍然选择了他，并不因为他的缺点而放弃他的全部，否定他的全部。

　　如果有这样一个人，他在你的心目中是绝对完美的，没有一丝缺陷，你敬畏他却又渴望亲近他，这种感觉不是爱情，而是崇拜。崇拜需要创造一个偶像，偶像就像图腾一样是没有血肉的东西；而爱情不需要，爱情是真真切切的，是能够用手触摸、用心体会的。

每个人都希望自己的情侣是最适合自己的。成熟的人不会寻找那些最好的异性作为自己的终身伴侣，而会寻找那些最适合自己的结为夫妻。

"男怕入错行，女怕嫁错郎。"女人不一定非得嫁一个优秀的、成功的男人，但要想成为一个幸福的女人，就一定要嫁给那个最适合自己的男人。

当然，最适合自己的那个男人，不一定是有钱、有权的男人，钱、权与婚姻幸福指数其实是没有多大关系的。这个最适合自己的男人也许清贫了点儿，但他身上散发出的成熟稳重的男人气息，不贪图别人拥有的、只坚持自己执着的追求的内在魅力，才是女人应珍视的。

了解自己对伴侣的适合度高，会使你产生优越感。想想看，当你知道你的伴侣期待的是一个相貌平平但心地善良的姑娘时，你还会担心自己的容貌吗？假如你恰好有一颗善良的心肠，哪怕他周围美女如云，你也会充满自信地告诉他："我是最适合你的。"同时，了解伴侣对自己的适合度低，也可使你及早清醒过来，从而避免一段不幸的婚姻。

有一个小伙子曾经十分喜欢一个当演员的女同学，他们有过一段很甜蜜的时光。渐渐地，这个小伙子对他们的感情产生了不安，因为做演员的女同学常常需要到外地去拍戏，而他无法忍受总是分离。他希望过那种平平淡淡、朝夕相守的日子，希望早一天当上爸爸。他跟别人说："即使她为了我们之间的感情勉强离开影视界，我们俩今后也未必会幸福，那会使我时常有一种有负于她的歉疚感。"这个小伙子道出了恋爱交往中的一个道理：情侣交往的最佳境界，是各自保持自我的完整。怎样才能使你从踏上爱的小船时起，就不失去自我？办法只有一个，那就是选一个最适合你的人，然后真心地去爱他。

　　恋爱是浪漫的，但婚姻是现实的，而且是需要双方同甘苦、共患难的；因此只有生活在最适合自己的爱人的身边，才会感到安心。

02
爱情也需要定期"更新"

在这个世界上,天长地久的爱情最令人期待和向往,但天长地久的爱情却似乎越来越稀有。尤其是"有情人终成眷属"之后,当初轰轰烈烈的爱情往往会归于平淡。

有人说,婚姻是爱情的坟墓,要想爱情永存,就不要走进婚姻;有人说,没有永恒的爱情,只有永恒的婚姻,因为再浪漫的激情也敌不过琐碎的生活。

的确,没有一种爱会一成不变,那些山盟海誓不过是爱到最浓时说的冲动之语。爱是需要"保鲜"的,如果你"保鲜"不当,它会很快坏掉。爱会随着时间、自身条件、环境的改变而发生变化,也会受对方各种条件的影响而发生改变。稳固的爱情必须力量均衡，如果一方发生了变化，另一方原地踏步，这样的爱情和婚姻必然会遇上风暴。遗憾的是，很多人往往只看到对方"变心"了，不能意识到自己也应该有所变化。

我们见多了这样的夫妻：日复一日，他们习惯了彼此的一切，激情渐渐退去，夫妻之间的亲情远胜爱情。他们不离婚，因为他们之间还有亲情，还有孩子，但是那种令人心动的爱情已消失得无影无踪。

虽然每个女人都敌不过岁月的摧残，随着年纪的增大，容颜逐渐衰老，身材越来越差，但是吸引对方的魅力并不会因年龄的增长而减少。懂得经营爱情的人不会懈怠于容貌的修饰，会注重健康，更注重修养、谈吐、气质、学识、事业……只有这样一个在观念、行动上不断变化着的最好的自己，才可能拥有超越时光和年龄的魅力。

爱情必须时时更新、生长、创造。世间男女都留不住漂亮的外表、年轻的容颜，但留得住气质和魅力。所以，不要以为，他爱你，就爱你的全部，包括你所有的缺点。相反，他爱的可能只是你的优点，只是情浓之时，他会自动忽略你的缺点，待激情冷却之后，你的缺点就会成为爱情的硬伤。

所以，要相信有永恒的爱情，但要用不断变化和更新去获取。在婚姻里成长、改变是爱的延展和升华。

03
给受伤的婚姻一次机会

有人说，受伤的婚姻恰如一件衣橱里不再受宠爱的旧衣服，穿起来尺寸已经不合身，款式已经很落伍，放在衣橱里占着空间，等待复古回潮又不知道要等到何年何月。这个比喻的确很有意思，但是婚姻毕竟不是衣服，婚姻承载了两个人相爱的历程，充满了温馨的记忆。

所有选择婚姻的女人都希望自己是最幸福的。但是，如果有一天婚姻出现危机，你是凭一时的冲动马上结束婚姻，还是给自己一段缓冲期？即便婚姻真的无法挽回，在生活上，也可以让当事人有一段心理准备的时间。当真正的单身生活来临时，双方不会那么手忙脚乱、无所适从，而且也可以检验出双方是否能够真正接受没有对方的日子。这样做出的抉择才不会让人有后悔的感觉。

　　婚姻是一本书，开头是秀丽的诗篇，中间则是平淡的散文，从扉页读到结尾，既需要耐心，又要有技巧。离婚，是一件无可奈何的事，双方都要付出一定的代价。当对现有的婚姻失望时，你挽救过吗？如果双方都没有过错，只是因为觉得平淡无味而选择离婚，不妨给婚姻一次机会。

　　张萌在一个单位从事财务工作，这是一年前刚刚调整的岗位。新工作让她很长时间都不太适应，领导也对她的工作不是很满意，于是她的情绪开始变得不稳定起来。每天一回到家，她就忍不住对丈夫挑三拣四，与丈夫大吵。终于有一天，她和丈夫同时说出了"我们离婚吧"这句话。继续过下去，矛盾已无法避免，可这样说离婚就离婚，二人又心有不舍，于是他们商量了一夜，决定暂时分开一段时间，给彼此一段冷静思考的时间。

　　张萌搬到了单位宿舍，二人约定平时没事不要打电话。最初的几天，张萌感到了充分的自由，可以随意做自己想做的事情。随着时间的慢慢推移，她的工作顺手起来，心态也平和了很多。有空的时候，她开始思考起与丈夫的关系，也想起了自己在丈夫面前所说的话，感觉自己有些时候的确是太过分了。

　　分开后，张萌每天要么在单位食堂吃饭，要么叫外卖，到后来，吃什么都索然无味。结婚这么多年，张萌基本上不怎么做饭，一直是丈夫做给她吃。直到这时，她才明白丈夫是多么爱自己，而自己也是真的离不开丈夫。她对丈夫的思念变得越来越强烈，终于有一天，当她一个人在宿舍泡好方便面却一口也吃不下时，她忍不住打通了丈夫的电话。在听到那久违而又熟悉的声音的一刹那，张萌哭了。

在分开三个月后，他们终于见面了。丈夫看上去憔悴了许多，二人紧紧地拥抱在一起。丈夫说："我们回家吧，让我们比以前多一些相互体谅，好吗？"

许多离婚悲剧都是因为双方长期无法从情感冲突中解脱出来，结果在纠缠不休中对彼此产生了怨恨。尤其是认为自己吃亏了或是受伤害了，其实往往是由于自己在内心深处对对方还保留着相当强烈的感情，才会出现"爱如火，恨也如火"的现象。双方脱离了日常生活中的密切接触，避免了"触景生情"式的情感争论，也不再听到或者看到对方的刺激，所以双方都可以更容易、更快地从旋涡中跳出来，可以痛定思痛，尽快总结经验教训。这样，就可以减少许多不必要的离婚悲剧。

给受伤的婚姻一次机会可以让那些濒临破裂的婚姻重新找到激情和浪漫。

一方面，分开后，双方都有了各自的空间，这就给了双方各自梳理烦乱心情，重新找回生活新鲜感的机会。很多夫妻，由于各自忙于工作，心态浮躁，心里被功利性的追求塞得满满的，以致对家庭、家人的情感淡漠了。分开后，双方各自冷静了下来，经过一段时间的内省，再走到一起时，就能找回过去丢失的一切。

另一方面，分开后，双方有了距离，不再像以前那样用配偶的标准要求对方，而是用一种对异性的眼光审视对方，这样就能看到双方在一起时难以发现的好处。特别是分开后，各自都有了反思自己的时间，可以冷静地分析自己的不足，这样一来，两颗心就很容易"共振"起来。

第九章

管理你的身价，而不只是身材

女人应该尽早开始投资和储蓄，学习精打细算，为未来做准备，这样才能拥有真正的自由。

01
要想财务自由就得财商高

富翁与普通人之间的根本区别是什么呢？是天赋、运气、智力，还是某种神秘的东西？其实都不是，答案很简单，是财商。

随着社会的发展和人们观念的更新，女性在家庭中的地位不断攀升，于是，呼吁独立、平等，呼吁提高女性地位，成为女性生活的主题。但如果女人在经济上无法独立，又怎能获得真正意义上的人格独立呢？

女人创造财富的过程必然伴随着汗水与辛苦，也难免遭受失败的打击。女人往往担心等到事业有成之时，美好的青春年华已逝，还会担心一个执着于创造财富的女人在别人眼中是没有女人味的。其实不必担心，你的每一个经历都是一笔宝贵的财富，无论多么辛苦、劳累，那份心灵的充实感都会让你感都到开心、快乐。

有一位普通的女性便是从一个平凡的女人成为人人景仰的强者，昂首挺胸地跨进了富翁的行列。

她的童年是不幸的。她的母亲因为生病很早就离开了她。后来，父亲给她找了一个继母。继母对她百般虐待。受尽折磨的她不想在这个家里多待一天。她渴望得到别人的关心与爱护，于是便早早出嫁，希望一个新的家庭能够带给自己幸福。可是，草率的婚姻将她推向更为艰难的境地。她的丈夫是个不负责任的酒鬼，有一天，喝醉酒后扔下她和两个孩子，不知去向何处。她心生绝望，可是看到两个孩子，她告诉自己，一定要好好活下去。

为了养家糊口，她到处奔波。由于文化水平不高，她只能赚到一点儿微薄的工资，所以对每一分钱她都格外珍视。有一天，她到商场去买鞋，为了省钱，她跟销售员讨价还价，最后销售员不耐烦了，对她说："穷酸样，买不起快走！"尖刻的话语深深地刺痛了她的心，她跑回家，痛哭了一场。然后，她擦干泪水，下定决心要改变自己的生活。

每天下班忙完家务后，她会学习商务知识、会计知识、文化知识。很多时候，已经是凌晨一两点了她才休息。她的耐心和坚持让她在一年后找到了一份会计工作。

117

这时的她已经是一个自信的女人了。她加倍用心地工作，同时细心地观察本公司与其他业务伙伴的经营、运作方式。为了能进一步提升自己，她常利用周末时间去图书馆学习法律、外贸、经济等方面的知识。她深信这些知识在她前进的道路上随时都可能发挥作用。

知识的积累让她变得勤于思考，眼光也变得更加敏锐。她发现随着人们生活水平的提高，越来越多的人会把自己的家装扮得更有品位，而当时家庭装饰这个行业很少有人做出自己的特色，大部分都是和建材产品一起出售，而且样式单一。于是，她阅读了大量家庭装饰方面的书，并且实地考察了整个家装市场。最后，她辞去工作，租了一家店面，销售家庭装饰品。琳琅满目的漂亮装饰品很快吸引了有这方面需求的人，并且给她带来了第一笔生意……

不久，在她的用心经营下，小店面扩大了规模，她的生意越做越大，后来她拥有了属于自己的企业。面对这些成就，她并未满足，而是继续寻找新的财富点，不断创造新的辉煌。

时光飞逝，一转眼，十多年过去了，她早就成了一个商界女强人。

上述例子中的女人为什么能够取得如此大的成就呢？还是那两个字——"财商"。首先，她不想再被金钱奴役，她想成为有钱人，让金钱为自己服务，这就是她的财富观念；其次，她努力学习科学文化知识，不断提高自己的能力，并且坚持不懈，这就是她的财富素质；

最后，她敢于在财富观念和素质的指导下做出行动，看准时机去实现自己的财富计划，这就是她的财富创造。

因此，财商对每个女人来说都是迫切需要培养的一种能力。财商高的女人善于发现致富的渠道，她们的生活充满挑战。她们将每一次致富实践当作人生的历练，她们在充实中享受快乐和成功。

那么，我们怎样才能提高自己的财商呢？财商的提高需要坚持不懈地学习，寻找到适合自己的方法，并以家庭财务为基础进行实践。具体可以通过以下方法来提高自己的财商。

第一，整理家庭财务资料，建立家庭财务档案。

家庭财务档案可以分为账本、各类证件档案、贵重物品发票档案、金融资产档案和珍贵物品档案五个部分。

（1）账本，用于记录日常收支，从而能够及时发现家庭消费中的盲点。

（2）各类证件档案，主要包括身份证、毕业证、从业资格证书、户口本、房产证等。这些证件一定要妥善保管，一旦丢失，补办起来会相当麻烦。

（3）贵重物品发票档案，包括家庭中购置的各种电器和其他贵重物品的发票、合格证、保修卡、说明书等。一旦出现质量问题，发票是维权的依据，能够让自己避免经济损失。

（4）金融资产档案，是指将自己手中所拥有的存折、股票、债券、保险等的原始资料记录下来，以防在遗失或者被盗时，能够及时查验或挂失。

（5）珍贵物品档案，指的是金银首饰、收藏品及具有特殊纪念意义的贵重物品。

第二，坚持记账，时时检查自己的财务状况。

记账可以准确地检查出自己的家庭收支是否健康，是否存在消费中的盲点。记账能够直接提高记账人的财商。

记账本可采用收入、支出、结存的"三栏式"记录格式，设立明细分类账目，并且以"月"或者"季度"为单位进行总结。看看哪些地方的消费有不合理之处，以便及时做出调整。

记账能起到鼓励人们积极增加收入的作用，同时又能使家庭成员有计划、合理地安排开支，节省费用。

第三，通过学习，不断让自己成长。

想提高财商，必然离不开对金融知识和相关理财技巧等方面的学习。学习的方式可以多种多样，比如阅读相关书籍、杂志、报纸，或者浏览专业网站等。在看电视的时候，也要多关注一些银行、保险、基金等方面的新闻。这样，你的财商神经就会在不知不觉中慢慢绷紧，对理财的认识也会逐步提高。

第四，规划理财，在实践中提升财商。

当我们对自己的财务状况有了清晰的了解，并且对金融市场有一定认识的时候，我们就要为自己制定一套符合自身实际情况的理财规划，按照长期、中期、短期目标合理安排自己的资产。

有了完善的理财规划，就要积极参与到投资理财的实践中去。在实践中提高财商的效果比在任何模拟学习中的都要好。

　　需要注意的是，投资理财规划需要根据自己的财务状况定期进行修改。每次修改都是对自己财商的考验，也是促使自己的财商登上新台阶的催化剂。

　　女人应该有更多的理财之道和正确的家庭理财观念做支撑。女人只有不断提升自己的财商，才能更好地创造和管理自己的财富。

02
女人往往是家庭理财的主力

　　生活中，大部分家庭都是女人掌管财务，包括管理家庭开支、赡养父母的费用、孩子的教育费用等。所以学习一点儿理财知识十分有必要。

　　在生活中注意学一点儿基本的理财常识，认真实践，积极行动，积累经验，就能慢慢管理好家庭的财产。

　　沈小茹在毕业之后，与男友迈入了婚姻的殿堂。丈夫很疼她，希望她能安心地在家里做个主妇，不要辛苦地外出工作了。另外，等将来有了孩子，沈小茹可以有充足的时间照顾孩子。沈小茹听从了丈夫的建议，生完孩子后，就一直在家里做全职太太。

沈小茹的丈夫在民营公司做设计，平均月收入六千五百元。其实，这点儿工资在一个二线城市并不算高。沈小茹希望五年之内能够买一套属于自己的房子。为了能尽早实现这个目标，她做了一份详细的收支和理财计划。

在生活上，为了能节省房租，他们把房子租在了郊区，尽管离丈夫的工作地点较远，但是交通还算方便。这样每月就能够节省一笔不小的开支。而且她有充足的时间为家人的膳食和其他安排做计划，能够做到花少量的钱，做更多的事情。

在理财方面，沈小茹花了大量的时间阅读理财方面的书来给自己充电，最终制订了符合自己家实际情况的理财计划：第一年，每月把手中的闲钱拿到银行办理零存整取；第二年，拿出一部分钱买风险低的收益性理财产品；第三年，把部分存款用来投资基金、债券。

沈小茹通过省吃俭用和投资理财，居然真的在第五年实现了自己的梦想，买了一套属于自己的房子。付完首付外，家里还有一部分余钱，以备不时之需。

可以说，沈小茹是一个精明的女人，她明白省钱不能生钱，赚钱也不一定剩钱的道理。所以她在省钱的同时，又坚持理财，让钱生钱，最终收获了更多的财富。

在现实生活中，女人如果没有计划地花钱，再多的财富总有一天会被掏空。在物价上涨的今天，我们手中的钱的购买力在下降，所以女人一定要精打细算，好好利用口袋里的每一分钱，以避免出现财务危机。

建议每个成家的女性朋友每月给家庭的支出做个详细的账目，并在此基础上测算出家庭每月的必要开支，以此思考理财和积蓄的重要。

另外，女性朋友可以根据自身的实际情况选择不同的理财品种。比如：刚参加工作的年轻女性可以选择一些股票、基金类的产品，中年女性应注意配置一些保险、子女教育类的理财品种，老年后可以选择安全性好的货币型理财产品，等等。

最后，建议女性从身边的点滴做起，充分利用好自己能够获取的一些资源并合理利用，比如积分兑换、会员卡、信用卡等，通过理财让自己和家庭过得更幸福。

03
有财富梦想才能找到赚钱的方向

每个女人心中都有一个赚钱的梦想。但是，财富的梦想需要一个明确的定位。也就是说，女性要清楚自己想要什么，要有一个明确的目标。只有知道自己需要什么，才能去争取；如果什么都不确定，那么你将什么也得不到。所以，成功致富的秘诀就是：给自己树立一个目标，向着目标前进。

财富在梦想中扮演什么角色呢？我们知道，财富是在梦想实现以后，一种以物质的方式呈现的奖励，并且随着梦想的不断实现，奖励会越来越多。所以女性朋友们，要想获得财富，请明确自己的人生财富目标，这样才会有更强烈的奋斗欲望，才能激发自己的潜能，让生命焕发出夺目的光彩!

明确了目标之后,我们首先要制订切实可行的计划,因为计划是连接目标和行动的桥梁,也是实现目标的前提。没有计划,我们做事情就会像一只无头苍蝇,盲目且没有方向感;有了计划,做事便有了清晰的方向和路径。

要制订一个明确的赚钱计划,可以从以下几个方面着手。

(1)根据不同时间段,制订相应的赚钱计划。比如,列出每年、每个季度、每个月的赚钱计划。为了方便赚钱计划的实施,制订的赚钱计划要详细、具体,对自己能够真正起到指导作用。

(2)制订的计划一定要符合自身的实际情况。因为不切实际的计划无法达到理想的效果。比如,你的月收入是五千元,手中的流动资金只有一千五百元,而你的目标是在一个月内赚到八千元。这本身是一项不可能完成的任务,计划也就失去了意义。

(3)每隔一段时间,要对自己的赚钱计划进行复核。这样可以根据自己的实际情况,清楚地知道自己制定的目标中哪些已经实现,哪些没有实现。此外,还可以根据自己所制定的目标,重新审视自己的赚钱计划是否符合实际,对于不符合实际的部分要进行调整和改进,这样才能获得良好的理财效果。

另外,要学会分析收入涨跌的原因。在收入上涨时,找出原因并继续保持;在收入下降时,也要找出原因并进行调整,避免下次重蹈覆辙。更深层次的问题才是最值得思考的,只有清楚地了解收入涨跌的原因，才能让那条财富线稳步上升。

　　赚钱计划不是一朝一夕就能够完成的，它是一个长时间的过程，需要长期坚持下去，才能够收到好的效果。因此，女性朋友在制订赚钱计划时，一定要注意结合自身的实际情况，进行合理的规划，以保障赚钱计划能够更好地实施。

　　总之，女性朋友想要成功，就要在明确了自己的财富目标之后，为自己制订一份详细的赚钱计划并付诸行动。只有详细的计划，才能让自己在行动中发现偏差并立即进行修正。这样，你才能积累起自己的财富。

04
投资自己才是最有价值的投资

在世界金融投资界享有"投资骑士"声誉的吉姆·罗杰斯说过："一生中毫无风险的投资事业只有一项，那就是投资自己。"懂得投资自己，才能够让自己的生命更添风采。

李萌来自农村，其家境并不富裕，所以父母希望她能够早日参加工作来赚钱贴补家用。但是她却坚持要读大学。为了完成学业，她一有空就去做一些兼职。另外，因为成绩优秀，她每次都能够拿到学校的奖学金。就这样，她凭借自己的努力维持着学业。一年后，李萌的弟弟也考上了大学，由于家里实在没有能力负担两个人的学费，重男轻女的父母就劝李萌退学，让弟弟读大学。可是，倔强的她坚持要把学业完成，她说自己可以通过做兼职给弟弟赚零花钱用。父母无奈之下，东拼西凑给弟弟凑齐了学费，而在父母眼中，李萌成了不懂事的孩子。

大学毕业之后，李萌参加了工作，但是她从来没有放弃过学习和充电。由于大学时读的专业是会计学，所以她希望能够取得中级会计师职称。通过努力，毕业两年之后，她顺利取得了中级会计师职称。再后来，她成了一名注册会计师。

随着业务水平的不断提高，李萌的职位也在不断变化，先从厂里的普通会计变成了财务科长，之后又变成了财务经理。后来，李萌跳槽到一家公司任财务总监。她的薪水当然也在不断上涨。

就这样，李萌在大城市里站稳了脚跟，过上了富裕的生活，并且有了感情稳定的男朋友。这一切都离不开她对自己的投资，是她对自己的投资让自己升值，最终获得了成功。

人生最大的财富是自己，所以投资最重要的是提升自己的能力和价值。在女性的投资项目中，最优先的项目是自我提升。

也许你是刚刚走上工作岗位的新手小白，也许你是驰骋职场多年的老手，但无论怎样，请不要忘记，给自己加油、充电，投资自己。不管是专业证书、语言能力，还是自己的兴趣，比如服装设计、绘画、钢琴、舞蹈都可以。如果你愿意投资自己，等到时机成熟时，你就能在职场上或人生中得到更多的回报。

　　所以，从现在起，不妨把买昂贵衣服的钱用来报名参加计划已久的专业课程，把逛街的时间用在积极参加公司的业务培训上，把看电视、玩手机的时间用在读书上……积极地投资自己，是一个比较稳妥的理财方式。亲爱的女性朋友们，做一个精明伶俐、敢于投资自己的聪明女人吧！

05
即使对方说得天花乱坠，也不冲动消费

每当百货公司周年庆或者节假日时，百货公司总会推出各种打折促销活动，吸引许多女性朋友，这些促销活动甚至缔造了许多"消费奇迹"。

值得注意的是，在利益的驱使下，商家各种各样的促销方式层出不穷，消费者一不小心，就有可能掉入商家精心设计的"陷阱"中。所以，识别和绕开商家的"陷阱"对于女性朋友来说，尤为重要。

第一，拒绝免费的午餐。

在日常生活中，许多女性都有这样的经历：走在繁华的市区，常有人主动搭讪推荐美容院的免费护理、免费试用项目。不少消费者难以抵挡这样的诱惑，就会上钩。然而在体验完免费的服务之后，就会被动地掏钱购买昂贵的产品，甚至买到劣质产品还无法退货。

除此之外，一些厂商利用人们难以抵挡免费的诱惑这一心理，不断推出免费试用、品尝、咨询等形形色色的促销活动。消费者一旦享受了这一免费服务，才知道所谓免费其实是陷阱。所以，如果以后遇到免费的服务，最好选择拒绝。

第二，东西不是越贵越好。

传统认为的"好"，一般表现在材料、设计、工艺等方面，在现代社会，还表现在品牌上。比如质地、款式差不多的两件衣服，名牌的价格要比普通的贵很多。另外，不同的地理位置也会使物品的价格有很大区别。比如繁华地带的店面装修考究、服务周到，因此定位和消费就比普通小店面的要高。这些都是由消费者来买单的。所以贵，并不代表物品本身值那么多钱。

我们知道，一些电子产品在新品上市的时候，其定价是非常高的。但是，没过多久你就会发现，这些电子产品的价格跌得厉害。因此，最好的省钱办法是等新品上市一段时间后再买。因为刚上市的产品数量有限，其性能并不是很稳定，市场前景并不明朗。而当商品进入批量生产阶段时，产品间的竞争就会升级，价格自然会比刚上市的时候便宜许多。

第三，洞悉打折的真相。

爱逛街的女性朋友都知道，现在商家打折的花样可谓五花八门，有不少女性朋友被迷惑，花了冤枉钱。为了避免掉入陷阱，我们一起来看看商家打折背后的真相吧。

不少女性朋友走进超市，看到了一个折扣力度很大而自己并不是特别需要的物品，由于看到今天是折扣的最后一天，便毫不犹豫地将它买了下来。过了一段时间，便开始后悔不该那么冲动，买了自己并不是很需要的东西。这里，超市便是运用了稀缺原理。对人们来说，机会越少见，商品价值似乎就越高，就越受欢迎。

经常逛街的女人会发现很多商场经常标出"全场×折起"的牌子。千万别小瞧了这个"起"字，这里面可是隐藏着大学问呢！

小凌在逛商场的时候，看到商场的海报上写着"全场五折起"，经常给自己买衣服的她，自然不会放过这么一个省钱的好机会。她挑来挑去，终于看中了一款棉服。在试穿合适之后，小凌到柜台结账时才被告知，此款衣服是新品，不打折。

小凌生气地问："那为什么写'全场五折起'呢？"

"为了吸引顾客，这个也不懂。"收银员小声地回答。

知情人士透露：上千种品种的商品利润各不相同，是不会一刀切地将折扣定在五折的，而实际上真正打这个折扣的商品不足百分之五十。

我们需要明白，很多大品牌是不参加商场的打折活动的，它们的促销多是连锁店的统一行动，很多新品更是不会参加活动，真正打折的往往是那些过时或者过季的滞销品。

第四，避开返券的陷阱。

在逛商场的时候，我们会经常看到商家打出"买一送一"的促销活动，然而，商家真会按消费者的"出一份钱，买相同的两样东西"的思路给出如此大的优惠吗？

王先生在某商店看中了一双皮鞋，正巧碰到"买一送一"的促销活动。王先生觉得可以给自己和儿子买"亲子鞋"，还挺划算。可是，买完之后才被告知，是买一双鞋送一双鞋垫。

因此，在参与这种促销活动的时候，一定要事先明确自己所购买商品的赠品是什么，有没有其他条件限制，并尽可能在发票上写明商品和赠品的名称、型号、价格等，以备不时之需。

除此之外，商家还善于搞"满多少元返多少元"的促销活动。我们在这时候需要弄清楚两个问题：一是返的钱到底是现金还是要再次消费时满多少钱才能抵现；二是返的券是不是在所有的这个品牌的连锁店都可以使用，因为在很多情况下，返的券的使用会受到限制，比如，只能在当时消费的店里使用。

所以，在花样繁多的商家促销活动的诱惑下，女性朋友一定要擦亮眼睛，只买自己需要的产品，这样才能捂住自己的钱包。

06
为自己的人生加一道保障

　　众所周知，人生在世，难免会有风险。面对多变的人生，每个女人都渴望安全、健康、稳当的生活。然而，有时候一次意外，就可能使你负债累累，甚至使全家都陷入困境。既然我们不知风险何时会降临，与其每天担心，不如自己做好充分的准备，给自己的人生加一道保险，让它能够在你最需要的时候挺身而出。

　　三十五岁的张莹在国庆假期的时候，跟朋友一起乘船游湖时突发生沉船意外。她有一个三岁的女儿，因为丈夫的身体不是很好，张莹就让丈夫在家照顾孩子。所以张莹的收入是这个家里唯一的经济来源，她的离开，让整个家庭一下陷入困境之中。

不过，张莹生前曾为自己买过一份保险，在张莹去世后不久，她的丈夫收到了保险公司给的一笔数额不小的赔偿金。所以这家人在关键时刻感受到了保险的真正价值。

女性买保险可以避免风险，也就是花少量的钱，避免大的经济损失，从而为未来提供一份安全的保障。

每个女人在人生的各个时期都要为自己做好风险保障，让保险成为人生各阶段的生命屏障。

对女性来说，在每个年龄段遇到的风险都不一样，所以对保险的需求也不同。那么，各年龄段的女性如何根据自己的实际需要购买适合自己的保险呢？

二十岁左右的女性，刚刚毕业走上工作岗位，外出活动的机会较多。所以，完善的意外及医疗险可以解决女性朋友在上下班途中所遇到的风险、平时活动造成的意外事故以及身体不适引发的疾病所需的费用问题。

二十六岁以上的女性，多数已经结婚，甚至已经怀孕生子，建议选择重疾险、女性疾病保险、妇婴险、意外及医疗保险。这些方面的保障尤为重要。

三十到四十五岁的女性，建议选择重疾险、定期寿险、意外及医疗保险，尤其是保障女性重大疾病的特定险种。除此之外，还有必要增加涵盖养老的险种，提早规划自己的养老安排。

五十岁以上的女性，保险的选择范围相对较小，建议主要以意外险以及长期护理险等老年保险产品为主。

需要注意的是，女性朋友应该根据自身的年龄、收入、职业等实际情况来购买适合自己的保险，既要经济上有能力担负，又要使自己在需要的时候得到应有的保障。

俗话说："晴带雨伞，饱带干粮。"面对风险，提前采取防御措施，就能降低风险的伤害程度。而保险，正是应对意外风险的有效工具。如果我们事先购买了适当的保险，就等于给自己筑起了一道坚固的防线。

人生是长途跋涉的旅行，注定会有崎岖和坎坷，难免会遇到意外和危险。所以，面对无法预知的未来，女性朋友一定要做好防御，用保险为自己的人生保驾护航吧！

第十章
善待自己，爱惜身体

你若用不健康的方式生活，任何化妆术都无济于事。

01
没有健康，你将一无所有

每个女人都渴望拥有幸福的人生，并且愿意为自己的幸福而努力。可是，如果没有健康的身体，又如何去追求幸福呢？所以说，保持身体健康，才是每个女人幸福一生的资本。

1953年，世界卫生组织为了唤起人们对自身健康的关注，提出了"健康是金子"的响亮口号，旨在希望人们要像对待金子一样珍爱生命。因为健康一旦失去，再先进的高科技都无法使受损的机体恢复到原来的状态，就像一张白纸，揉过之后就不会再恢复到原先的平整状态。近年来，世界卫生组织多次提出"健康的钥匙在自己手中"，并把健康教育比喻为"健康金钥匙"，是开启健康之门的关键。

女人要学会调节自己的心态，要好好地保护自己的身体。身体是最重要的，相信每个人都知道，但是真的做起来时，并不是一件简单的事情。千万不要为了这样或那样的原因不顾自己的身体健康。不管明天有多么美好，你如果总是以一副生病的姿态去迎接它，那也不会感觉到它的美好。

总之，健康是每个女人都不容忽视的课题。

李心怡是某公司的总裁，因为工作忙碌，饮食不规律，患上了胃病。有一次旧病复发，医生建议她必须马上住院治疗。

李心怡一听医生建议她住院，立即说道："公司里每天有很多事情等着我去处理，没有我的话，公司就乱了。我没有时间住院啊！"

医生知道她是一个女强人，看到她这样拼命工作而不顾自己的身体，对此深深叹息。医生轻轻地对她说道："工作固然重要，但是没有健康的身体，一切都无从谈起。没有了你，公司会继续运转；可是没有了生命，你就算再有能力，也没有了发挥之地，有再多的钱也都失去了意义。"

听完这番话后，李心怡站在那儿沉默不语。

第二天，李心怡召开公司高层会议，说明了自身的情况，她把手头的工作做了详细的安排，然后对各部门的领导说："这段时间就辛苦大家了，我相信大家一定会尽职尽责，把工作做得更出色。另外，大家也一定要注意身体，不要过度劳累。有了健康的身体，我们才会拥有一切。"

将一切安排妥当之后,李心怡办了住院手续接受治疗。出院后,她更加爱惜自己的身体,而公司也在高管们的努力下运转得越来越好。

人的精力是一笔有限的财富,恶性透支只能让自己面临疾病的困扰。健康的身体是事业的基础。当疾病缠身的时候,你即使想工作也是心有余而力不足,病痛会折磨得你痛不欲生;只有身体恢复健康后,你才会感到一身轻松,才会感觉到一切都是那么美好。因此,健康是人类创造财富的前提。

人的健康是一块基石,没有健康,一切都无从谈起;而拥有了健康,就可以去创造一切。对女人来说,只有健康的美才是真的美,只有健康的女人才有资本享受生活赐予的幸福。

02
吃得好才能身体好

社会上流传着这样一句话："女人的美丽是吃出来的。"这话很有道理。但这里的"吃"不是想吃什么吃什么，更不是暴饮暴食。我们所说的"吃"是有选择地吃，是健康地吃。

随着生活水平的不断提高，人们对饮食的要求已从"吃饱求生存"转变为"吃好求健康"，吃出健康已成为一种现代生活时尚。与此同时，越来越多的人开始重视饮食在健康中的作用。

有不少营养学家认为，科学的饮食、合理的休息和愉快的笑声是人们最好的三位"医生"。其中，科学的饮食是维护身体健康的第一秘诀。

那我们在平常的生活中如何做到科学饮食呢？

一是多食蔬菜和水果。蔬菜和水果富含大量的营养物质，包括维生素、抗氧化剂、矿物质和植物纤维等。多吃蔬菜和水果，不仅有益健康，还有美容的功效。每天蔬菜的摄入量应不低于二百五十克。

二是多食含抗氧化剂的食品。我们知道，人类的生存离不开氧气，但在某些情况下，氧气又可以发生若干化学反应，使其他分子氧化，生成对人体有危害的自由基。在日常生活中，各种污染、油炸或烧烤食品以及太阳中的紫外线等，都会使人体产生自由基。它们通过破坏健康细胞使人体加速衰老。我们所吃食物中的抗氧化剂有助于保护皮肤健康。维生素A、维生素C、维生素E以及微量元素硒和锌等，都属于抗氧化剂。这些成分，大多含于下列食物中。

维生素A：苹果、梨、香蕉、橙子、大白菜、胡萝卜、南瓜、菠菜、大米、鸡蛋、鱼等。

维生素C：黄色、橙色水果，小白菜、小油菜、芹菜等绿叶蔬菜，马铃薯和甜薯，等等。

维生素E：坚果、大豆、植物油、鱼油、全麦、未精制的谷类制品等。

硒：蘑菇、鸡蛋、鸭蛋、猪肉、大蒜、动物肝脏等。

锌：动物肝脏、鱼、蛋、奶、杏仁等。

三是多食粗纤维类食物。粗纤维具有"清洗"肠道的作用，可以促进肠道蠕动，减小致癌物被人体吸收的可能性。

推荐食物：荞麦、燕麦、粟子、核桃、花生、芹菜、韭菜、绿豆芽、茄子、海带、紫菜、海藻、苹果、梨、葡萄等。

四是多食碳水化合物食品。碳水化合物包括淀粉和糖，能给人体提供能量，防止人体疲劳，平衡人体的血糖浓度，还能降低胆固醇，帮助人体平衡荷尔蒙的分泌。

推荐食物：新鲜的有机酸奶、燕麦粥、玉米片、全麦面包等。

总之，合理的膳食、充足的营养能提高人的健康水平，预防疾病，使人保持身心健康和良好的工作精神状态。

女性朋友们，要想保持健康的身体，从科学饮食开始吧！

03
科学呵护自己的身体

我们常说"身体是革命的本钱",但很多女人总让自己长时间陷入疲劳的状态,不懂得休息和保养自己,以致身体健康指数大幅下降。她们会感到很累,不想工作,白天容易疲倦,想休息,但是躺到床上却又睡不着,还出现健忘、食欲不振等问题。可是到医院一检查,医生却说没有什么毛病,因为各种指标都在正常的范围内,可她们就是觉得身体不舒服。

其实,有这样的症状可能意味着她们的身体正处于亚健康状态。调查研究显示,我国亚健康人数约占全国的百分之七十。很多女性都出现了不同程度的亚健康状态。

亚健康状态的形成有多方面的因素。比如紧张的生活节奏、心理承受压力过大、不良的生活习惯、环境污染等。

随着人们越来越关注自身的健康状况，相关的营养品和药品也应运而生。然而，缺乏营养并不是亚健康的主要原因。如果盲目地补充可能会造成营养过剩。而药物虽然有治疗的作用，但是也会对身体产生不同程度的副作用，长期使用药物会对身体的某些器官造成损伤。所以，摆脱亚健康，还需要积极主动地采取措施。

我们可以从以下几个方面来改善亚健康状态。

一是多运动，减轻压力。很多白领女性由于工作性质，常坐不动，这样不仅会让腰腹多几圈"游泳圈"，而且对身体健康不利。女性朋友可以利用空闲时间进行一些户外活动，比如爬山、打排球或羽毛球等。

二是在工作过程中要适当走动。在办公室里坐的时间长了，很容易患上颈椎病。所以，工作累了时，就要站起来走动一下，伸伸胳膊和腿，让身体的各个部位都能够得到充分的休息，从而能更好地投入工作。

三是保证睡眠。睡眠应该占人类生活三分之一的时间，这是帮助你摆脱亚健康的重要途径。

四是劳逸结合，张弛有度。不能让自己的身心一直处于高强度、快节奏的生活中，所以，每周远离喧嚣的城市一次，去郊外呼吸一下新鲜的空气，有助于消除疲劳。

五是营养要均衡。脂肪类的食物会增加身体的疲劳感，不可多食，但是也不能不食。因为脂类是大脑运转所必需的，一旦缺乏就会影响思维，所以要适量食用。维生素要广泛摄入，尤其是维生素B_1、维生素B_2和维生素C，它们有助于把人体内积存的代谢产物尽快处理掉，所以多食用含维生素B_1、维生素B_2和维生素C的食物，能消除疲劳。

六是遇到不顺心的事情时，尽量分散自己的注意力，不要自己长时间处于悲伤之中。可以听听音乐，看看自己喜欢的书，或者跟自己最要好的朋友倾诉一下。

04
运动让女人生机勃勃

生命在于运动。西方"医学之父"希波克拉底有句名言:"阳光、空气、水和运动是生命和健康的源泉。"这句话把运动放到了与生命中不可或缺的阳光、空气和水同样重要的地位。运动对女性的健康有重要的影响。

运动不仅能促进身体健康,使疲劳的身体得到积极的休息,使人精力充沛地投入学习和工作中,为健康心理打下良好的基础,还可以培养成功者所必备的竞争精神、协作精神及勇敢、坚忍、敏捷等优良素质。

同时,运动还能增强女人对外界环境的适应能力,可以陶冶情操，让人保持健康的心态，充分发挥个体的积极性、创造性和主动性，从而提高自信心，能在融洽的氛围中获得健康、和谐的发展。

另外，经常运动的女人不容易衰老，并且骨子里总是迸射出一种热情四溢的朝气，这种朝气为女人增添了一份美丽。所以，无论多么忙碌，女人都要拿出一些时间来参加体育锻炼。

那么，什么样的运动比较适合女性呢？对女性来说，负重运动和阻力运动相当重要。因为它们能提高骨骼的质量和密度。负重运动是要求足部和腿部承受身体重量的运动，比如散步、跳舞、打羽毛球、慢跑、爬楼梯等，这些运动能够促使骨头和肌肉与重力抗衡。阻力运动是一种对抗阻力的运动，主要目的是训练人体的肌肉。比如滑雪、游泳、跳跃等。必要时，我们也可以去俱乐部办张健身卡，去健身房利用健身器材让自己运动起来。

另外，我们也可以随时随地做一些运动。下面，我们列举了一些运动的方式，供女性朋友们参考。

（1）做家务。比如擦窗户、擦地板、使用吸尘器等，这些动作都能够锻炼到肌肉。

（2）跟着充满活力的音乐跳舞，可以消耗大量的热量。

（3）上楼时，放弃乘电梯，选择爬楼梯，用脚尖登楼梯可以使你拥有结实的臀部。

（4）身体平躺在床上，双手枕在脑后，做深呼吸，用嘴吐气的同时努力收小腹。

（5）逛超市或市场时，选择购物篮而非购物车，这样可以一边走路一边锻炼手臂肌肉。挎购物袋时，弯曲手肘，让前臂和身体保持垂直。

（6）把脊背挺直，既可以保持优美的身姿，又可以锻炼背部和腹部的肌肉。

（7）快走一百分钟，可以消耗约五百卡路里的热量。

（8）坐公交车时选择站立，这是最简单的运动方式。

（9）乘车时提前一站地下车，步行到达目的地。

（10）高跟鞋和平底鞋可以交替穿，这样可以锻炼小腿部位的肌肉。

（11）每周三次普通步行，每次三十分钟以上。

（12）每天重复几次收缩臀部肌肉的动作，可以使臀部变得更加紧致。

（13）如果有宠物狗的话，每天遛狗至少二十分钟。在这个过程中，可以扔球让小狗去捡，这样可以锻炼上半身的肌肉。

（14）种花草时以膝盖弯曲的蹲姿来保持平衡，不要倾身向前，这样在怡情养性的同时又锻炼了身体。

（15）使用吸尘器打扫卫生时，保持脊背挺直，膝盖弯曲。这样可以锻炼大腿肌肉，而且不会腰酸背痛。

（16）深呼吸，可以缓解腹部压力。

这些运动方式简单易行，可以让你随时随地运动，不用刻意去安排运动的时间和地点。经常运动的人通常都不会脂肪成堆。健美的身材会让女人看上去更健康、更有气质。所以，为了拥有健康的身体和完美的身材，赶紧运动起来吧！

另外，在运动时，我们还需要注意以下事项。

（1）在运动前要做好准备工作，主要包括跑步、踢腿、弯腰等准备活动。

（2）进行负重锻炼时，负重的重量不要超过自己的身体能负荷的重量，否则会导致腰肌和关节受到损伤。

（3）在月经期间，应根据自身的实际情况选择恰当的运动，不宜选择太剧烈的运动。

（4）若要锻炼腹肌、骨盆底肌，可多做仰卧起坐、腰绕环、压腿等简单易学的动作。

（5）四十五至五十五岁进入更年期的女性，因为这时身体的各项功能出现衰退现象，应该做一些打太极拳、体操、跑步等运动。

（6）运动后，身体会出很多汗，要注意多喝水。另外，可以用热水泡脚或者冲澡，让身体放松。

女性朋友们，要想拥有魅力四射、幸福阳光的人生，就赶快运动吧！千万不要因为忙碌的生活而忽略了身体健康，要知道健康的体魄才是女人最宝贵的财富。

05
学会放松就不会被压垮

在现代社会中,越来越多的女性在为自己的事业而奋斗。与此同时,各种各样的压力也随之而来。

当然,一个人有压力并不是坏事,适当的压力反而可以激发人的潜能;但是人如果长期处于压力之下,就会感到身心疲惫。人一旦感到疲惫就做不好工作,做不好工作,随之就会有新的压力产生,继而出现恶性循环的状况。

承受压力,缓解压力,其实就是一个适应环境的过程。如果处在难以适应的环境中,那么人们的压力就会增大;如果适应环境的过程不具备什么挑战性,那么人们也就不会有什么压力可言。压力的存在，在一定程度上可以使人保持警觉（清醒状态）和合适的行为模式。如果生活中没有压力，人就会变得懒惰，不知挑战人生的意义和乐趣，这样就难以成就大事。

你在实现自己人生目标的过程中，一定要分清哪些目标是主要的，哪些目标是次要的。不能毫无压力，也不要给自己施加太多的压力。

有位著名心理学家曾说过："压力就像一根小提琴弦，没有压力，就不会产生音乐。但是如果弦绷得太紧，就会断掉。你需要将压力控制在适当的范围内——使压力的大小能够与你的生活相协调。"所以，为了拥有健康的身心，能够高效率地工作，我们应该及时放下重负，摆脱外物的牵绊，为自己减压，给自己一个喘息放松的机会，等到精神恢复、身心放松时，你会发现问题往往能够迎刃而解。

每个人都有不同的爱好，所以每个人的减压方法各不相同，有的喜欢看书，有的喜欢逛街，有的喜欢听音乐……

下面提供几种心理调适的方法，供大家参考。

一是倾诉。

倾诉是某种意义上的宣泄。当遇到不幸、烦恼和不顺心的事情时，你千万不要将事情闷在心里，可以把心中的苦闷说给懂你并能安慰你的人听，那样，你的心胸自然会变得豁然开朗。除此之外，你还可以向亲人倾诉，也常会使心情由阴转晴。

二是读书。

读书可以说是最简单易行的放松方式。读一本好书，六分钟内可使压力减少百分之六十八。除此之外，读书还可使人增加知识，提高素养。所以当工作、生活的压力不断增加时，不妨读一些感兴趣的、使人轻松愉快的书。在读书的过程中，你得到了精神上的愉悦、享受，生活中的一切烦恼就都会被抛到脑后。

三是听音乐。

轻松、舒缓的音乐不仅能给人美的熏陶和享受，还能帮人缓解忧郁、苦闷的心情，甚至可以做到某些程度的心灵治疗。除此之外，如果你会弹钢琴、吉他或其他乐器，也可以用它们来帮助自己缓解压力。

四是去旅行。

在步调纷乱的现代生活中，很多人的心灵都出现疲惫状态，现实的压力总压得人喘不过气来。而旅行可以让人享受生活，让一直承受高压的身心获得暂时的放松。

五是培养雅趣。

下棋、绘画、钓鱼等都是有益身心健康的活动，也是脑力劳动者在紧张的工作之余消除疲劳的最佳休闲方式。这些活动可以让人消除头脑中的纷繁杂念，让自己的身心得到放松。

六是做好事。

做好事能够得到他人的肯定，让自己结识更多的朋友，同时自己的内心也会因此得到安慰和鼓励。

七是学会忘却。

忘却是一种智慧，也是一种豁达。学着忘记那些不愉快的事，能够减少压力的累积。没有了烦心事的羁绊，乐观豁达将成为心情的主题。

我们的人生始终处在纷扰的社会生活当中，没有谁的心灵可以永远一尘不染，所以心灵需要滋养。其中，自我调节是最好的良药，只有懂得排解和释放，阴霾的雨天过后，才会有明媚的阳光普照。

女性朋友们，给自己的身心放个假吧！哪怕是一个周末、一个下午或者是一个小时，让自己在文学、音乐或大自然的怀抱里缓解紧张情绪，放松自己。。

06
爱美不能以健康换取

爱美是女人的天性，每个女人都希望自己是一个令人赏心悦目的漂亮女人。但是，有些女人为了美不计后果，往往会跳入美丽的陷阱，于是就产生了一些不健康的生活方式。这些不健康的生活方式在无形之中吞噬着她们的健康，最后把她们弄得病恹恹的。这些不健康的方式不是在为自己的美丽加分，而是令自己的美丽打了折扣。

减肥是很多女人热衷的项目。许多人为了减掉身上多余的脂肪，喝减肥茶、吃减肥餐或者进行节食。但有些女人为了减肥拼命节食，结果体重是减轻了，但随之而来的是病魔缠身，真的是得不偿失。

很多女人喜欢通过化妆把自己打扮得漂漂亮亮的。当然，适当的化妆是很有必要的，但切忌浓妆艳抹。一些化妆品中含有诸如汞、铅等化学成分，并且还含有大量的防腐剂，这些都不利于身体健康。如果过分地把美容的希望寄托于各种各样的化妆品上，会严重刺激皮肤，阻塞毛孔，阻滞皮肤的呼吸功能，进而影响皮肤的健康。

在寒冷的冬季，当人们都换上棉服、羽绒服的时候，一些爱美的女性却穿得十分单薄。这些女性不是本身有多强的抵御严寒的能力，而是觉得这样才能"美丽动人"。这样的打扮看起来确实靓丽，但却存在着健康隐患。在严寒的冬季，如果不注重膝盖的保暖，就容易使关节受到损伤。

很多女人每天都喜欢穿高跟鞋以突显自己的气质，但鞋跟过高的高跟鞋会使人体重心前移，无形中给膝关节造成了压力，膝部压力过大时就容易导致关节炎。

不少追求身材完美的女性通常喜欢用束身的方式来达到完美的视觉效果。但长期穿塑身衣，容易引起身体不适，不利于身体健康。

除此之外，很多女性为了达到美丽的效果，会去一些美容机构进行美容整形。美容整形一般是把自己不满意的部位（面部或身体）通过手术进行矫正以达到期望的样子。然而，美容整形毕竟是手术，是手术就必然存在风险。在手术的过程中，女人不仅要经受一定的皮肉之苦，还要冒因手术失败而破相、毁容的风险，甚至还有生命危险。

所以，女性不要轻易选择通过整形来使自己变漂亮。

女性追求美丽并没有错，但方法要得当，要在保证身体健康的情况下追求美丽，这样的美才能长久，也才有韵味。

后记
afterword

写给自己的一封信

经历了岁月的洗礼，你现在沉稳很多了吧？从前的你总是浮躁，心绪不宁，脾气大，但经历了那么多风风雨雨，有着丰富阅历的你，应该已经学会如何掌控自己的情绪，不会再让情绪终日左右自己，让自己无法喘息。如果真是这样，那么，恭喜你；但你如果还不能掌控自己的情绪，请一定要朝这个方向努力，摒弃这些坏脾气，不要让它们毁了你的一生。

现在的你应该已经拥有成熟娴静的气质、沉稳豁达的思想，并能更好地去爱身边的亲朋好友了吧？现在的你也应该是一个优雅与智慧并存的女子吧？

现在的你，是否还有坚持看书的习惯？不一定要博览群书，但至少仍像过去一样尽可能地去阅读，去充实自己，而不是把太多的时间浪费在与他人的攀比上。

　　现在的你，是否还是像从前一样怀着感恩之心，行走在人生的旅途中？感恩磨难，教会了你坚强；感恩对手，使你变得强大；感恩家人，给了你奋进的动力；感恩朋友，给了你许多生命的感动。

　　希望现在的你活成了自己想要的样子，过上了自己想要的生活。